수학 끼고 가는 서울 1

광화문/월드컵공원/한강

수학 끼고 가는 서울 1
광화문/월드컵공원/한강

2020년 5월 11일 제1판 제1쇄 발행

지은이 남호영
다듬은이 홍연숙
그린이 강병호
펴낸이 강봉구

펴낸곳 작은숲출판사
등록번호 제406-2013-000081호
주소 10880 경기도 파주시 신촌로 21-30(신촌동)
서울사무소 04627 서울시 중구 퇴계로 32길 34
전화 070-4067-8560
팩스 0505-499-8560

홈페이지 http://littlef2010.blog.me
이메일 littlef2010@daum.net

ISBN 979-11-6035-065-4 43410
값은 뒤표지에 있습니다.

수학 끼고 가는 서울

1 광화문/월드컵공원/한강

남호영 지음

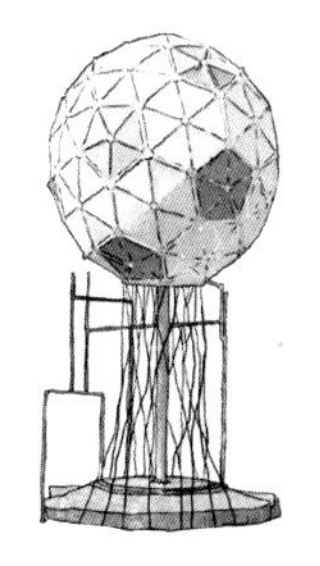

수학 끼고 가는 서울?!

매일 걷던 길을 새삼스레 답사라는 이름을 걸고

걷는다는 것은 어떤 의미일까.

바쁜 일상 속에 그냥 휙 지나쳐버린 풍경들을

처음 보는 양 바라보고, 다시 곱씹으며 음미하는 것,

답사는 그런 일이다.

『수학 끼고 가는 이탈리아』를 낸 지 벌써 4년.

다른 나라보다 우리나라를 먼저 해야 하지 않겠냐며

'수학 끼고 가는 서울'이라고 가제부터 잡아 놓은 게 엊그제 같은데

시간은 정말 쏜살같이 흘러가 버렸다.

사실 이 책의 시작은 2012년이다.

그해, 전국수학교사모임의 '수학 끼고 가는 여행팀'에서는

수학의 눈으로 세상을 바라보는 답사여행을 기획했다.

5회에 걸쳐 남산, 한강, 월드컵공원, 북촌, 창덕궁을 다녀왔다.

늘 30명의 정원을 꽉 채운 나름 인기 프로그램이었다.

우리는 매주 한 번,

학교를 마치고 저녁 때 모여

가려는 곳에는 어떤 역사가 있는지,

답사 코스는 어떤 순서로 짜면 좋을지,

그곳에선 무엇을 수학으로 해석하면 좋을지

흐드러진 웃음꽃 속에서 의논하고 자료를 찾고

수정하고 또 수정했다.

사람들을 이끌며 프로그램을 진행하는 일이 보람찬 일이었다면

그것을 준비하는 과정은 가슴 벅찬 즐거운 일이었다.

그 기억에 힘입어, 몇 년이 지난 지금

서울을 다시 걸어

역사와 사람과 수학을 섞은

답사 여행기를 펴낸다.

찬란한 역사에 걸맞은 풍성한 삶을 위하여.

2020년 봄

저 산 너머 한강을 생각하며

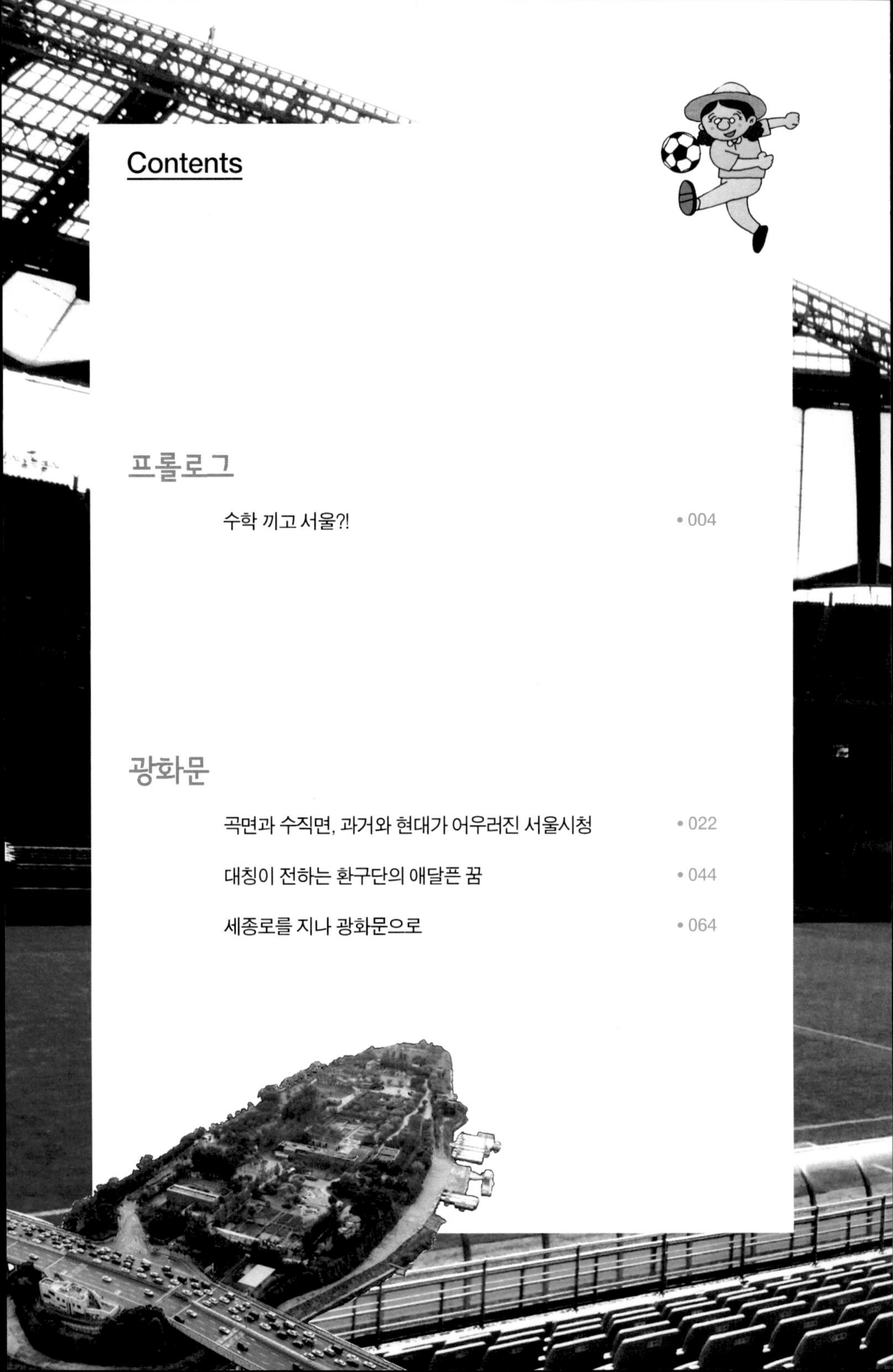

Contents

프롤로그

광화문

월드컵공원

한강

수학 속으로

광화문

월드컵공원

한강

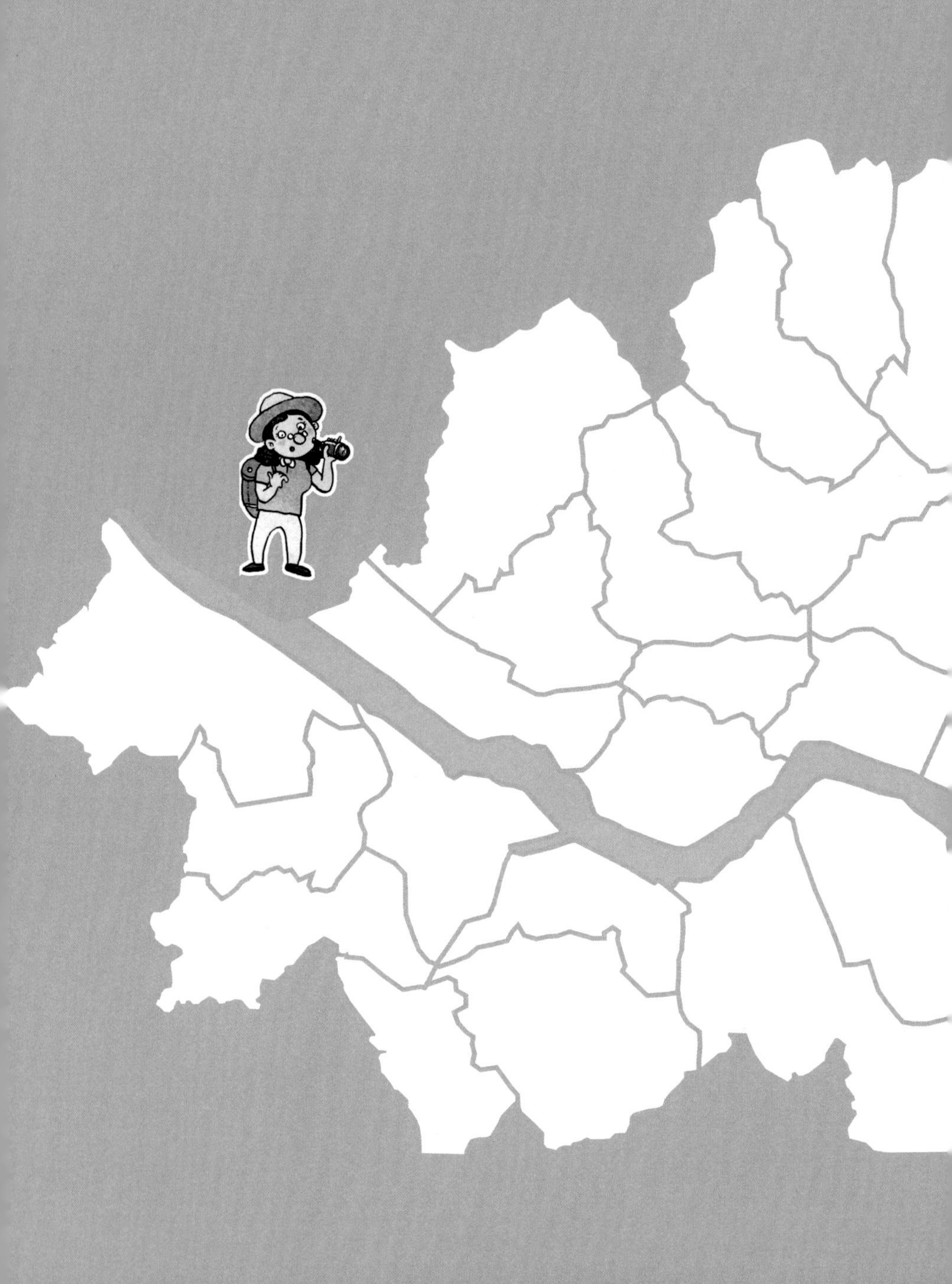

'서울' 하면 무엇이 떠오를까?
세계에서 몇 번째로 큰 복잡한 도시?
차들로 가득한 교통지옥의 도시?

오늘은 좀 다르게 보자.
오래된 역사를 잘 보존하고 있는 흔치 않은 도시!
한 걸음 내딛을 때마다 가슴 아프지만 자랑스러운 역사가 스며 있는 도시!
굴곡 많은 근현대사를 극복하고 눈부신 경제 성장과 민주화를 이루어낸 도시!

그런 도시 서울에서 특별히 세 곳을 골랐다.
서울의 중심 거리인 서울시청에서 광화문까지의 세종로.
반짝이는 모래사장은 사라졌지만 시민의 휴식처로 다시 태어난 한강공원.
서울에 광장문화를 불러온 2002년 월드컵을 기념하는 월드컵공원.
이곳들을 거닐며 역사와 문화 그리고 수학의 세계로 함께 떠나 보자.

광화문

광화문에서 세종로에 이르는 거리는 조선 개국 이후 나라의 중심거리였다. 조선의 법궁이었던 경복궁 앞 의정부, 삼군부, 육조 등 관청들이 도열한 길은 굴곡의 근현대사를 지나온, 지금도 역시 서울의 중심이다. 이 길의 양 끝에는 각종 행사와 집회가 열리는 광화문광장과 서울광장이 있다.

광화문광장이나 서울광장이 시민들 품으로 돌아온 것은 그리 오래된 일이 아니다. 매연을 내뿜는 차들은 도로 위로, 사람들은 지하보도로 다녀야 했던 때가 엊그제 같다. 도로 위에 횡단보도가 놓여 수평으로 도시를 활보하게 되었을 때 낯설었던 기억이 생생하다.

시청 문을 열고 나와 잔디가 깔린 서울광장을 가로질러 횡단보도 앞에 선다. 건너편 환구단 정문을 한참 바라본다. 환구단은 고종이 황제 즉위식과 제천의례를 하기 위하여 마련한 공간이다. 지금은 빌딩숲에 둘러싸여 조금은 초라하게, 조금은 적막하게 자리를 지키고 있지만 대한제국이라는 이름으로 자주독립국으로 살려 보려던 몸부림이 있던 곳이다.

세종로 거리는 이렇게 한 발 내디딜 때마다 우리나라 근현대사의 흔적을 만날 수 있는 곳이다. 성공회 서울성당에는 유월민주항쟁 표지석이 놓여 있고, 그 옆으로 80년대 민주화운동과 관련한 온갖 기자회견이 열렸던 세실 레스토랑이 있다. 서울시의회 의사당 건물은 부민관 폭파사건이 일어났던 곳이고, 고종 즉위 40년을 기념하는 비전은 언제 보아도 그 모습이 처연하다. 광화문까지 계속되는 이 길을 걷는 동안 역사의 숨결을 느끼며 주머니에서 렌즈를 하나를 꺼낸다.

수학 렌즈! 서울시청 신청사의 곡선 모양을 분석하고, 원뿔 모양의 정수기 종이컵을 들여다보고, 하늘카페에서는 커피가 식는 속도를 뉴턴의 힘을 빌려 계산한다.

환구단에서는 대칭으로 무늬를 분석하고, 고종 즉위 40년 칭경비전에서는 띠 무늬, 평면 무늬를 대칭군의 입장에서 분석한다.

한국 근현대사의 흔적만큼이나 세종로 그 거리에는 수학이론으로 해석할 수 있는 것들로 가득하다.

빌딩숲에 둘러싸인 환구단 모습.

1993년의 서울시청. 시청 앞에는 섬처럼 고립된 분수대와 찻길뿐이었다.

1 서울시청

오래된 석조건물인 구청사는 서울도서관으로 거듭났다. 그 뒤 유리창으로 뒤덮인 곡선 모양의 건물이 2012년 문을 연 신청사이다.

2 고종즉위 40년 칭경기념비전

고종 즉위 40년을 기념하는 비를 보호하기 위한 건물이다. 비석은 잘 보이지 않지만, 거북받침, 몸돌, 지붕돌을 모두 갖추었고 앞뒷면에 비문이 새겨져 있다.

3 환구단

고종이 대한제국을 선포하며 황제 즉위식과 제천의식을 지낼 수 있도록 조성한 곳이다. 서울시청과 조선호텔 사이에 있으며 현재 제단과 담장 등 거의 대부분이 사라지고 황궁우, 석고, 대문만 남아 있다.

4 도로원표 공원

도로원표는 도로의 기점을 표시한 것이다. 서울의 도로원표 위치는 세종로 사거리인데, 도로원표 조형물은 약간 남쪽인 세종로파출소 앞에 있다.

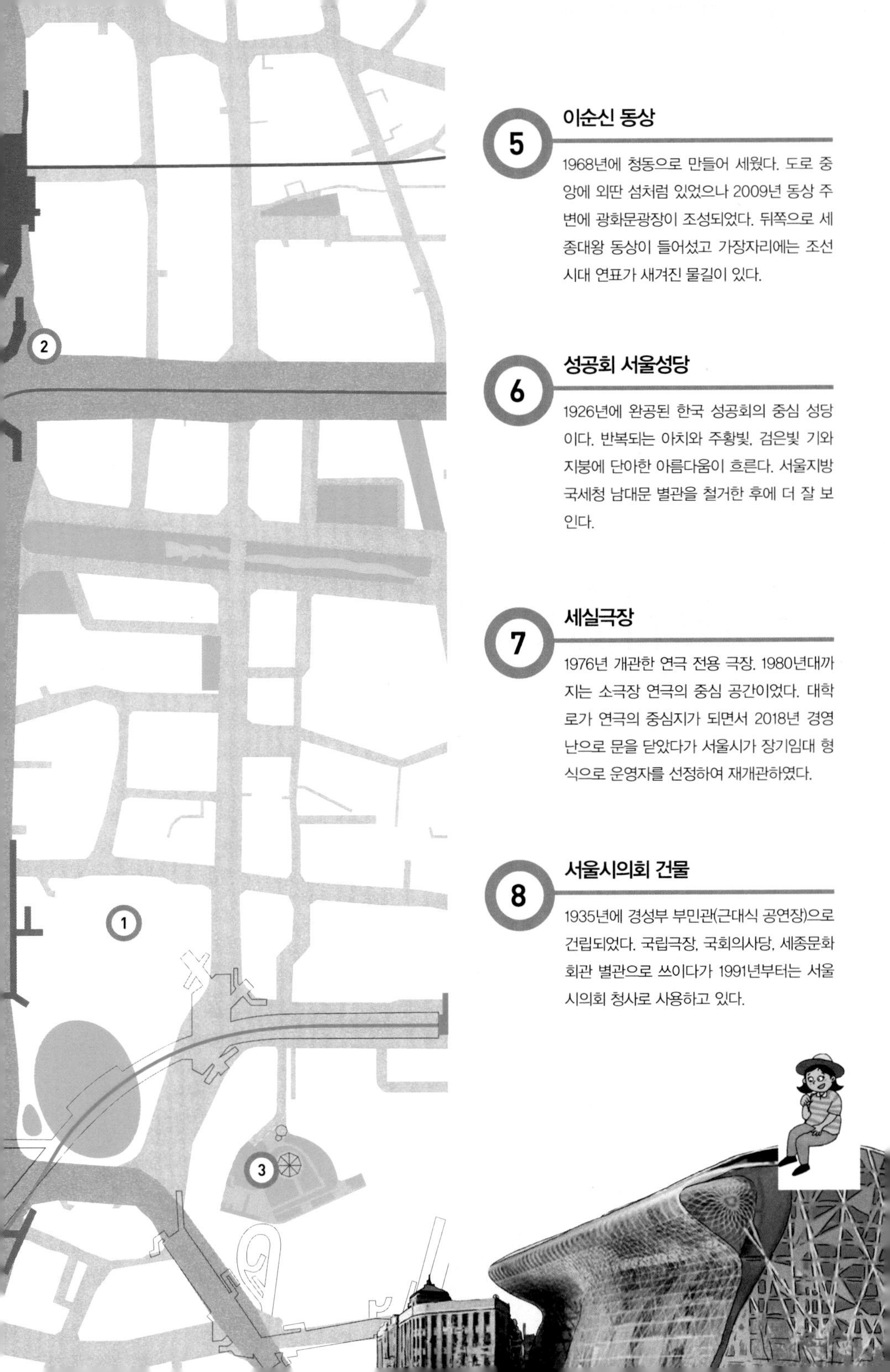

5 이순신 동상

1968년에 청동으로 만들어 세웠다. 도로 중앙에 외딴 섬처럼 있었으나 2009년 동상 주변에 광화문광장이 조성되었다. 뒤쪽으로 세종대왕 동상이 들어섰고 가장자리에는 조선시대 연표가 새겨진 물길이 있다.

6 성공회 서울성당

1926년에 완공된 한국 성공회의 중심 성당이다. 반복되는 아치와 주황빛, 검은빛 기와지붕에 단아한 아름다움이 흐른다. 서울지방국세청 남대문 별관을 철거한 후에 더 잘 보인다.

7 세실극장

1976년 개관한 연극 전용 극장. 1980년대까지는 소극장 연극의 중심 공간이었다. 대학로가 연극의 중심지가 되면서 2018년 경영난으로 문을 닫았다가 서울시가 장기임대 형식으로 운영자를 선정하여 재개관하였다.

8 서울시의회 건물

1935년에 경성부 부민관(근대식 공연장)으로 건립되었다. 국립극장, 국회의사당, 세종문화회관 별관으로 쓰이다가 1991년부터는 서울시의회 청사로 사용하고 있다.

서울시청

지하 군기시유적전시실에는 신청사 공사 때 발굴된 유적과 유물들이 있다. 유물에 적힌 연호와 육십갑자로 제작 년도를 알 수 있을까?
지상의 수직정원에서는 녹음의 싱그러움을 느껴 보고, 하늘광장에서는 커피가 식는 속도를 뉴턴의 힘을 빌려 알아보자.

환구단

환구단을 통해 드러내고자 했던 대한제국의 위용은 사라졌지만, 황궁우와 석조 건축물에는 해치와 용, 전통문양이 남아 흐릿한 위엄을 지키고 있다. 이것들을 대칭의 관점으로 들여다보자.

성공회 서울성당과 양이재

성당을 한 바퀴 돌며 건물의 조화로움과 로마네스크 양식을 즐겨 보자. 본당 뒤쪽의 사목관 뜰에서는 유월항쟁진원지 표지석을 찾아보고, 고요 속에 가라앉은 양이재 툇마루에도 앉아 보자.

이순신 동상

광화문광장에는 이순신 동상이 세워져 있다. 동상을 제대로 보려면 얼마나 떨어진 거리에서 보아야 할까? 가장 잘 보이는 위치를 수학으로 찾아보자.

도로원표 공원

서울의 기점을 표시해 놓은 조형물이 있는 곳이다. 동서남북 한 바퀴 돌면서 동판에 새겨진 글자도 살펴보자. 각 도시들이 얼마나 멀리 떨어져 있는지 상상하면서.

고종 즉위40년 칭경기념비전

고종 즉위 40년을 기념하는 비전에는 동서남북 방위에 따라 사신상, 십이지상을 배치한 난간이 둘러쳐져 있다. 비전의 화려한 공포를 즐기며 띠 무늬와 평면 무늬도 수학의 눈으로 다시 보자.

곡면과 수직면,
과거와 현대가 어우러진 서울시청

나는 서울 사대문 안에서 나고 자랐다. 집 앞을 나서면 오백년쯤 된 건물이 여기 저기 흔했다. 대학 시절에는 성균관 앞 정류장에서 버스를 타면 창경궁, 종묘, 경복궁, 덕수궁, 서울시청을 거쳐 남대문을 돌아 사육신묘를 지나 학교에 갔다. 하루에 두 번씩, 서울 투어를 한 셈이다. 나에게 고풍스럽다는 말은 '특별하지 않다'와 동의어였다. 그래서 우리 땅에 새겨진 유구한 역사의 가치를 실감하지 못했었다.

그런데 내가 겪은 일이 다음 세대 사람들에게는 '역사'가 되는 것을 보면서 생각이 달라졌다. 어려서 무시로 드나들던 성균관이나 창경원(1909년 일제는 창경궁의 전각을 허문 뒤 동물원, 식물원을 만들고 벚꽃을 심는 등 궁궐을 행락놀이터로 망가뜨렸다. 창경궁은 창경원으로 불리다가 1984년 다시 복원되었다.)이 겪어낸 신산한 세월이 다시 보였다. 버스를 타고 무심하게 지나치던 서울시청 역시 갖은 풍파를 견뎌낸 건물로 되살아났다. 지그시 바라보고 있으면 자신들이 겪은, 지켜본 이야기를 풀어낼 것처럼 느껴졌다. 그래서 천천히 귀를 기울이며 시청, 덕수궁, 광화문을 잇는 길을 걷고 싶었다.

지구 저편에서 베틀로 짠 옷

시청역 4번 출구로 나가면 파란 색 귀 그림이 눈에 띈다. 서울시청 신청사 지하에 있는 시민청으로 가는 길을 알리는 표지판이다. 오며가며 반짝이는 유리로 지어진 신청사를 자주 보았지만 들어가 보기는 처음이다.

신청사 안에 들어가자 넓은 로비가 반겨 준다. 새 건물의 반들반들함이 살짝 낯설다. 어느 쪽으로 가야 할까? 구경 온 사람은 나뿐일까? 두리번거리며 망설이다 오른쪽으로 한 바퀴 돌기로 하고 발을 내딛는다. 지구마을이라는 공정무역가게가 보인다. 옷이나 소품이 좀 색다르다 싶었는데 직접 짠 천으로 만든 수공예 상품이라고 한다. 공장 제품에 너무나 익숙한 나머지 뭔가 낯선 느낌이었던 걸까? 성기고 소박한 이 천을 베틀로 짰다니 놀라울 뿐이다. 어렸을 때 옆집에서 보았던 베틀을 지구 저쪽에서는 지금도 사용하는구나. 베틀로 짠 옷감, 그 시절에 대한 아득한 그리움이 훅 솟아오른다. 그 옆 카페 공간에는 네팔 아이들이 쓴 엽서, 편지 그리고 사진이 전시되어 있다. 네팔 아이의 모습이 우리 어릴 적 애들의 까까머리와 초롱한 눈빛을 닮았다.

손뜨개하는 인형 옆자리에 앉아 손뜨개에 얽힌 추억에 잠겨본다.

카페 밖으로 나오자 손뜨개를 하고 있는 사람 크기의 인형과 기념 촬영을 할 수 있는 의자가 놓여 있다. 어렸을 때 겨울이면 모자, 목도리, 장갑을 뜨곤 했다. 옷 한벌 사입기도 쉽지 않았던 시절, 집집마다 엄마가 떠주는 목도리, 조끼는 개성 연출의 장이 되었다. 모자나 장갑을 만들 때, 끝쪽으로 가면서 코 줄이기를 해야 하는데, 결코 쉽지 않았다. 곡선은 직선보다 아름답고 편하지만 까다롭다. 원보다 사각형이 쉽고 포물선, 쌍곡선보다는 직선이 쉽다. 엄마를 따라 조끼, 스웨터에 도전하다 목 주변이나 어깨 부분의 코 줄이기에서 실패하기 일쑤였다. 뜨고 풀고, 또 뜨고 풀고. 한 단 한 단 뜨면서 몇 코를 줄이라고 했는지 까먹지 않으려고 애쓰던 기억이 난다. 몇 단마다 몇 코씩 줄여야 하는지 알려준 것을 외우려 하지 말고 내가 고민해서 계산했더라면 엄마 손을 빌리지 않고 완성할 수 있지 않았을까. 인형이 들고 있는 손뜨개를 보니 뜨개질하던 엄마 미소가 떠오른다.

불랑기자포에 새겨진 육십갑자

공정무역가게를 나서자 군기시유적전시실이 보인다. 군기시(軍器寺)는 고려, 조선시대에 무기를 제조하던 관청의 이름이다. 조선시대 개성에서 한양으로 도읍을 옮길 때, 군기시도 옮겨와 지금의 서울시청 근처에 자리 잡았다고 한다. 내가 살고 있는 이 시대에 새로 발굴될 유적이 남아 있을까 싶었는데, 2009년 서울시청 신청사 공사 중에 군기시 터가 발굴되었다. 그것도 서울 시내 한복판에서, 놀라운 일이다. 문헌과 옛 지도에만 존재하던 군기시. 무기를 제조하던 곳이니 화약 무기 제조의 위험성을 생각하여 궁궐과 적당히 떨어진 이 정도 위치에 자리 잡았나보다. 전시장에 들어서자 투명한 바닥 밑으로 군기시 유구(옛

군기시유적전시실 입구에는 당시 복식을 차려입은 군인이 서 있고(왼쪽 사진), 전시실 투명바닥 밑으로 12호 건물지가 보인다(오른쪽 사진).

화살촉 더미.

사람들이 사용했던 시설의 남은 흔적)가 보인다. 왼쪽이 5호 건물지, 오른쪽이 6호 건물지. 호수를 구분해놓은 표지판이 보인다. 이리저리 쌓여있는 돌덩이들이 마루, 방, 부엌, 기둥의 어떤 부분인지 설명문을 보면서 끄덕끄덕해본다. 투명한 바닥을 조심스레 밟으며 전시장을 한 바퀴 돈다. 옆으로 돌아가니 화살촉 더미가 전시되어 있다. 수천 점의 화살촉이 열과 압력에 의해 엉켜 붙어 있다. 건물터를 잡으면서 통과 제의로 묻은 것이라 추측한단다.

이곳에서 발굴된 것 중 가치가 가장 높은 것은 손으로 점화시키는 화기인 불랑기자포라고 한다. 불랑기는 15세기경의 유럽을 통틀어 일컫는 말이니 서양에서 제작되어 중국으로 전해진 화기임을 이름으로부터 짐작할 수 있다. 불랑기자포에는 다음과 같은 글귀가 새겨져 있다.

嘉靖癸亥 地筒重七十五斤八兩 匠金石年

가정계해 지통중칠십오근팔냥 장김석년

불랑기자포에 '가정계해 지통중칠십오근팔냥 장김석년'이라는 글자가 새겨져 있다.

가정계해에 무게가 75근 8냥인 불랑기포를 장인 김석년이 제작했다는 말이다. '가정'은 명나라 세종 때의 연호(1522년~1566년)인데, 그렇다면 가정계해는 몇 년도일까? 이를 계산하려면 먼저 알아야 할 것들이 몇 가지 있다.

계해라는 말은 천간과 지지가 차례대로 짝을 맞춘 육십갑자 중 하나이다. 천간은 '갑을병정무기경신임계' 10개, 지지는 '자축인묘진사오미신유술해' 12개로, 하나씩 순서대로 짝을 맞추면 '갑자, 을축, 병인, 정묘, …, 계해'까지 총 60개가 된다. 옛 사람들은 이 '천간지지'로 년, 월, 일, 시간, 방향 등을 표시하였다. '임진왜란, 갑오개혁'에서 '임진, 갑오'는 각각 1592년, 1894년을 뜻하는 육십갑자이다.

육십갑자 표기법을 우리가 지금 사용하는 서기력으로 바꾸려면 어떻게 해야 할까? 그 기준으로 1444년, 갑자년을 기억하면 된다. 세종 시대의 집현전 학자들이 역법『칠정산내외편』을 간행한 갑자년이기 때문이다.『칠정산내외편』 간행이 왜 그렇게 중요하냐고? 그 이유를 찬찬히 알아보자.

우리 땅에 맞는 칠정산내외편

나라에서는 역법에 따라 달력을 발행했는데, 책의 형태로 제작되었기 때문에 '책력'이라는 이름을 많이 사용하였다. 책력은 24절기에 해당하는 농경 사회의 귀중한 정보를 담고 있다. 우리가 현재 사용하는 달력은 보통 날짜만 있는 데, 당시의 책력은 날씨와 계절의 변화가 담긴 농사 지침과 길흉화복을 넣어 제작했다.

중국은 진시황 때부터 국가 차원에서 역법을 사용했는데, 우리나라는 삼국시대부터 중국력을 들여와 사용했다고 한다. 그런데 중국 역법은 우리나라에서 보는 태양과 별의 운행에 맞지 않는 문제점이 있었다. 더구나 당나라, 송나라, 원나라, 명나라 등 시기마다 역법이 달랐기에 고구려, 통일신라, 고려의 역법도 시기마다 달랐다. 이렇듯 시간이 흐르면서 달력의 종류가 많아져 조선 시대에는 무려 9종 정도의 달력이 있었다고 한다. 달력마다 길흉일이 달라 모든 달력의 나쁜 날을 피하다 부모의 장례를 몇 년씩 치르지 못하는, 웃지 못할 일도 있었다고 하니 우리 실정에 맞는 달력의 필요성이 제기될 수밖에 없었다.

칠정산은 이러한 폐단을 없애기 위해 한양의 위도를 기준으로 북극고도, 별의 운행, 일월식 등 각종 천문현상을 분석하고 예측하여 만든 우리 고유의 역법으로, 세종 4년 1422년에 본격적으로 시작되었다. 중국의 역법을 수정하고 우리가 관측한 데이터를 넣어 계산하는 거대한 작업을 하기 위해 정밀한 관측이 가능한 기구들이 만들어지고 개량되었다. 대간의, 소간의, 혼천의, 규표, 앙부일구, 일성정시의, 소정시의, 자격루 등 많은 기구들이 세종의 전폭적인 지원 아래 만들어졌다. 천문 역법을 담당하던 관청인 서운관에서는 관측 규정을 마련하고

우리 땅에서 하늘을 관측한 역법 『칠정산내외편』.

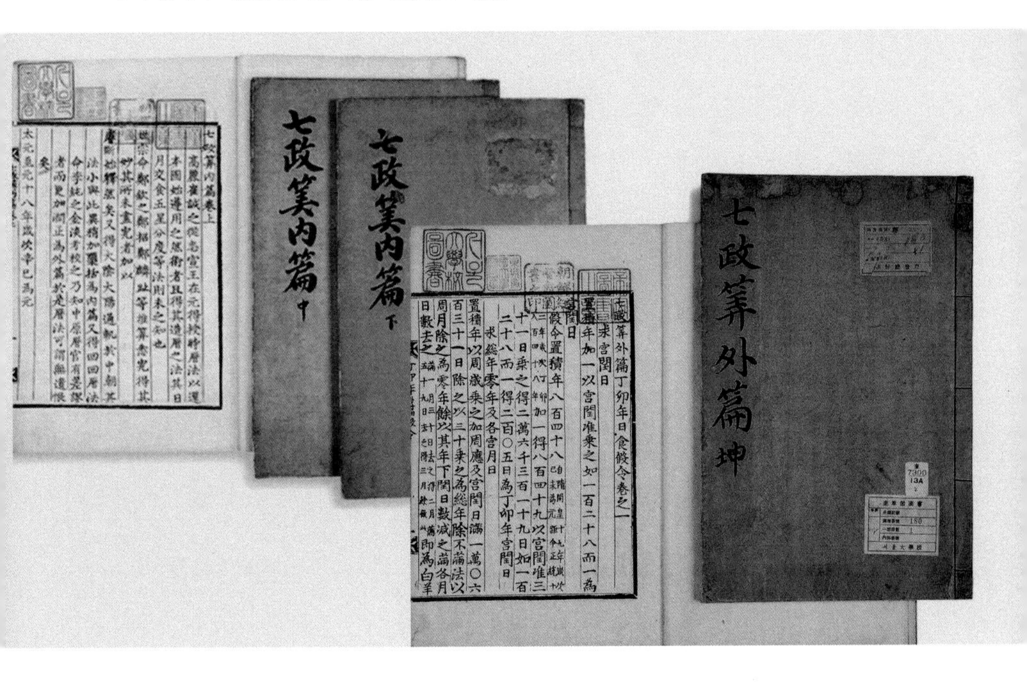

이들 관측기구를 이용하여 한양의 북극고도, 절기의 길이, 일출일몰시각, 일식 월식의 시각과 위치, 오행성의 위치, 28수 별자리의 남중 시각 등 매일 하늘을 관측하고 기록하였다. 이에 근거하여 태양, 달, 5개의 행성칠정의 움직임과 위치를 계산산하는 방법들을 『칠정산 내편』에 상세히 기록하였다.

『칠정산 내편』을 보완하는 작업은 『칠정산 외편』에 맡겨졌다. 당시 이슬람 천문학은 매우 높은 수준에 이르러 있었는데, 이를 참조하여 『칠정산 외편』을 새로 간행하도록 한 것이다.

이슬람의 천문학은 중앙아시아를 거쳐 북송시대부터 수입되기 시작하여 원나라, 명나라에 이르기까지 큰 영향을 미치고 있었다. 명 태조 주원장은 아랍어와 페르시아어로 된 서적들을 번역하고 연구하여 1385년 중국어로 된 이슬람 역법서인 『회회력법』을 편찬하였다. 10년 넘게 걸린 어렵고 힘든 작업이었다.

중국과 이슬람은 각도법부터 달랐다. 중국은 원주를 365.25도로 나눈 후 1도는 100분, 1분은 100초의 단위를 사용한 반면, 이슬람은 원주를 360도로 나눈 후, 1도는 60분, 1분은 60초로 나눈 60진법을 사용하고 있었다. 또 중국은 동지, 이슬람은 춘분이 계산 기점이었다. 『회회력법』은 이슬람 천문학을 이해하고 이런 차이를 고려하여 다시 계산하여 편찬한 이슬람 역법 해설서이다.

놀랍게도 사마르칸트의 울루그 벡 천문대의 박물관에는 "사마르칸트의 천문학은 중국을 통하여 한국에까지 전파되었다. 조선의 왕 이도세종는 1432년에 천문학자들을 파견하여 천문학과 관련된 책들을 중국으로부터 가져오게 했다."는 내용의 패널이 걸려 있다. 세종 이상으로 뛰어난 학자이자 술탄인 울루그 벡(Ulugh Beg)은 관측의 정확도를 높이기 위해 반지름의 길이가 40m나 되는 육분의를 천문대에 설치했다. 매일 관측하고 계산하여 만든 술탄의 지즈Sultani Zij, 지즈는 역법, 천문표, 천문학 편람을 복합적으로 의미한다는 프톨레마이오스의 오류까지 바로잡은 당대 가장 정확한 것이라고 한다.

무슬림들은 회회인이라고 불리면서 조선 초기까지 자신들의 고유 복장과 의식을 지키며 우리와 함께 살았다. 『회회력법』과 함께 새로 편찬된 이슬람 역산서들도 이렇게 조선에 들어왔다. 이 자료들을 참조하여 『칠정산 내편』을 보완하는 것이 천문학자 이순지와 김담에게 맡겨진 임무였다. 이들은 10년이 넘는 연구 끝에 결국 『칠정산 외편』을 완성하였고, 『회회력법』의 중대한 잘못까지 바로잡았다. 그 오류는 중국은 태양력, 이슬람은 태음력을 사용하기 때문에 일어난 일이었다. 오늘날 우리가 사용하는 음력의 근간이다.

조선의 천문학자들에 의해 『칠정산 내외편』이 세종 26년, 1444년에 편찬되었다. 15세기 초, 자기 나라의 일식, 월식을 계산하여 예측할 수 있는 천문학자는 이슬람과 중국, 조선에만 있었다고 한다. 그러니 자주적인 역법을 완성한 1444년 갑자년을 기억하는 것이 어찌 의미 있지 않겠는가.

1444년이 갑자년이고, 육십갑자는 60년마다 돌아오므로 1444에 59를 더한 1503년은 계해년이다. 이제 1503년에 60의 배수를 더해서 '가정', 즉 명나라 세종의 연호를 쓰던 1522~1566년 사이의 해를 찾아보자. 1503년에 60을 더한, 1563년이 우리가 구하는 가정 계해임을 알 수 있다. 따라서 불랑기자포를 만든 해는 1563년이다.

취임일 채무에서 감축 채무를 빼면 이달의 채무인데, 1억 원 차이가 난다.

햇빛 쏟아지는 수직정원

지하를 다 둘러보고 청사 1층으로 올라오니 안내데스크 옆 기둥의 전광판이 눈에 들어온다. '채무를 줄여요'라는 제목 아래 서울시의 현재 채무액이 표시되어 있다. 박원순 서울시장이 취임한 2011년 취임일 채무는 초록색, 그동안 줄인 감축 채무는 빨간색, 이달에 남아 있는 채무는 주황색으로 쓰여 있다. 그런데 이상하다. 취임일 채무에서 감축 채무를 빼면 이 달의 채무가 아닐까? 뺄셈을 잘못했나? 1억 원이 빈다. 반올림의 효과인가?

예를 들어, 2억 7천만 원에서 2억 4천만 원을 빼면 그 차액은 3천만 원이다. 그런데 세 가지 금액, 즉 '2억 7천만 원, 2억 4천만 원, 3천만 원'을 모두 천만 원

원뿔 모양 컵이 있는 정수기와 스킨답서스 속에 놓인 원뿔 컵.

자리에서 반올림하면 각각 3억 원, 2억 원, 0억 원이다. 그러면 전광판처럼 3억 원에서 2억 원을 빼면 0억 원이 남는 진풍경이 벌어진다.

그런 생각을 하면서 전광판 숫자에 골몰하다가 갑자기 전광판 아래에 있는 정수기가 눈에 띈다. 물을 한 잔 뽑아 마신다. 아, 시원하다. 물을 한 잔 더 마시고 나니 문득 물 컵에 눈길이 간다. 대부분 정수기에는 납작한 종이 봉투 모양의 컵이 있어 봉투를 벌려 물을 담는데, 이곳 일회용 물 컵은 원뿔 모양이다. 봉투를 벌리는 수고 없이 바로 물을 담아 마시면 된다. 아주 가끔씩 원뿔 컵을 만나면 편하기도 하거니와 절제된 아름다움이 반갑다. 원뿔 모양의 물 컵을 고깔모자처럼 수직정원의 잘 자란 스킨답서스에 올려 놓고 사진을 한 장 찍는다. 마치 스킨답서스의 생일을 축하하듯.

수학속으로 1 종이컵은 원뿔 모양으로

원뿔 모양의 종이컵은 빼서 바로 물을 받을 수 있어 매우 편리하다. 이런 종이컵을 만들려면 어떤 모양으로 종이를 오려야할까?

입체도형을 만들기 위해 평면에 그리는 모양을 전개도라고 한다. 원뿔의 전개도를 그리기 위해서는 원뿔을 가위로 잘라 펼치는 과정을 생각해 보면 된다.

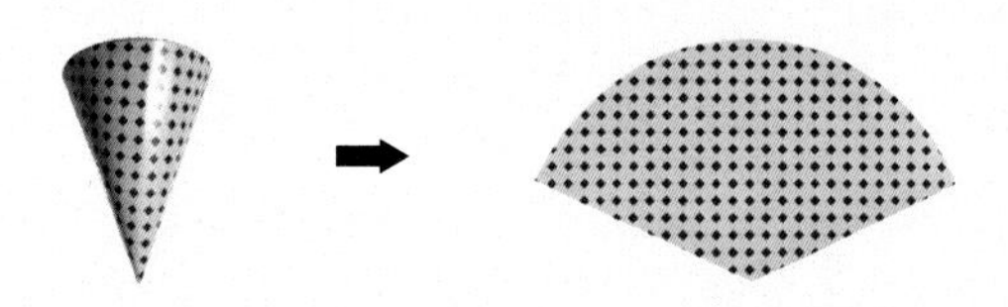

위의 그림과 같이 원뿔의 전개도는 부채꼴이다. 꼭짓점에서 바닥까지의 거리가 모두 같기 때문에 원뿔을 펼치면 원의 일부인 부채꼴이 된다는 것을 확인할 수 있다. 원뿔 모양의 종이컵을 만들려면 부채꼴의 직선 부분에 풀칠할 수 있는 여유분을 더 그려 오리면 된다.

재미있는 사실은 원뿔의 전개도를 그려 보라고 하면 꽤 많은 사람들이 삼각형 모양의 전개도를 그린다는 것이다. 그림과 같이 삼각형 모양으로 종이를 오리면 원뿔이 아니라 한쪽으로 기울어진 빗원뿔이 만들어진다. 이 모양이 물을 마시기 더 편할까, 아니면 쏟아질까? 한번 만들어서 마셔 보자.

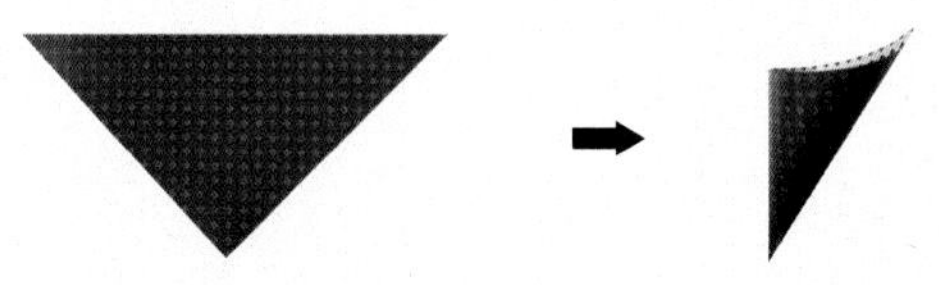

삼각형 모양의 전개도에서는 빗원뿔이 만들어진다.

식물들로 둘러싸인 7층 높이의 수직정원이 싱그럽다(오른쪽 사진).

돌봄을 받는 수직정원. 옥텟트러스 구조 사이로 쏟아지는 햇빛이 기하학적인 그림자를 만든다(왼쪽 사진).

수직정원은 서울시청 신청사에서 가장 신기한 공간이 아닐까. 1층 입구로 들어오면 바로 눈에 띄겠지만 지하에서 올라오니 정원의 뒤쪽에서 기대감을 품으며 오게 된다. 7층 높이까지 여러 가지 식물을 심어 놓았다는데, 바닥에서 천정까지 실내에 가득 찬 녹음이 싱그럽다. 옥텟트러스 구조 사이로 바깥 풍경까지 보여 마치 공항에 온 듯 설레인다. 쏟아지는 햇빛을 그대로 받아 안는 유리벽과 벽을 뒤덮은 초록빛, 널찍하고 시원한 로비, 여기 앉아 있으면 마음에 초록물이 들 것 같다. 수직정원에 물은 어떻게 줄까 궁금해서 이파리 가까이 들여다본다. 안쪽에 흙이 담긴 짙은 녹색 홈통이 수평으로 길게 연결되어 있고 그 흙에 식물들이

사다리처럼 보이는 승강기 구조. 빨간색 추가 보인다.

심겨 있다. 몇 걸음 걸을 때마다 식물의 이름표가 꽂혀 있는데, 대체로 낯선 이름이다. 아글라오네마처럼.

암벽 등반이 취미인 지인이 높이 오르는 것은 인간의 본능이라고 주장하던 말이 생각난다. 아기들을 보면 어디든 기어 올라가려고 하지 않느냐면서. 꼭 그 말이 아니더라도 어딘가 새로운 곳에 가면 옥상처럼 높은 곳에 올라가서 전망을 보는 일은 포기할 수 없는 즐거움이다. 저쪽에 하늘광장으로 올라가는 승강기가 있다. 전망대로 가는 승강기는 이 정도는 되어야 하지 않느냐는 듯이 사방이 다 보이게 투명하다. 하지만 막상 하늘광장에 내리자 탁자와 의자, 카페에서 풍기는 커피 향이 전부였다. 밖을 내다볼 수가 없었다. 주변 풍경을 보려면 구청사 5층 옥상으로 가야 한단다. 그냥 가자니 허전해서 커피를 주문했다. 엎어진 김에 쉬어간다고, 커피잔을 감싸 쥐고 의자 깊숙이 앉았다. 커피가 식지 않기를, 마시는 내내 뜨거움을 유지하기를 바라면서. 입 천장이 데지 않을 만큼 식기를 기다렸다 커피를 마신다. 딱 좋은 온도라 더 이상 식지 않기를 바라지만 커피는 내 마음도 몰라주고 계속 식어간다. 그렇다면 언제까지 식을까? 뉴턴도 나처럼 이런 하찮은(?) 궁금증이 발동했는지 뉴턴의 냉각법칙이라고 이름 붙은 법칙을 남겼다. 어떤 물체와 그 물체가 놓인 환경 사이의 온도차가 그리 크지 않다면, 물체의 온도가 식어가는 비율이나 더워져 가는 비율은 그 물체와 주위의 온도차에 비례한다는 내용이다. 여름보다 겨울에 커피의 열에너지가 빨리 주변으로 이동한다는 말이다. 커피가 식는 속도를 손으로 느끼며 신청사의 둥글게 튀어나온 모양을 눈으로 즐긴다. 나무, 해안선, 지구와 같이 자연이 만든 것은 대체로 곡선이고, 인간이 만든 것은 주로 직선인데, 요즘은 이렇게 곡선으로 건물을 짓는 경우가 많아졌다. 확실히 둥근 것은 마음을 편안하게 한다.

승강기 앞에서 버튼을 누르고 기다리다가 올라올 때 휙 지나간 빨간 물체가 무엇인지 궁금해졌다. 승강기를 타고 내려가는데 이번에도 빨간 직육면체가 휙 지나간다. 아! 균형추인가보다. 1층에 내려 승강기의 움직임을 지켜본다. 승강기가 중간쯤 올라가자 빨간 균형추가 위에서 내려온다. 조금 더 기다리자 이번에는 승강기가 내려오는지 1층에 있던 빨간 균형추가 위로 올라가면서 승강기가 내려온다. 승강기와 균형추가 스쳐 지나가면서 반대 방향으로 움직인다. 승강기에 균형추가 있다는 것은 알고 있었지만 움직임을 직접 관찰하는 건 처음이라 신기하다. 승강기의 기본 원리는 도르래이다. 그냥 당기는 것보다는 반대편에 무거운 추를 달아서 당기는 것이 훨씬 힘이 덜 든다.

수학속으로 2 커피가 식는 속도

뉴턴의 냉각법칙으로 하늘카페 커피의 온도를 예측할 수 있을까?

뉴턴은 물체의 온도 변화는 물체와 주변의 온도차에 비례한다는 사실을 밝혔다. 물체의 온도를 $f(t)$라 하면 물체의 온도가 변하는 비율은 $f(t)$를 미분한 $f'(t)$이다. 주변의 온도를 T라고 하면 온도차 $f(t)-\mathrm{T}$와 온도의 변화율 $f'(t)$가 비례하므로

$$f'(t) \propto f(t)-\mathrm{T}$$

라고 나타낼 수 있다. 이 비례식을 등식으로 나타내려면 적당한 비례상수가 있어야 한다. 달궈진 돌, 뜨거운 커피, 얼음 등 무언가 식거나 녹는 속도를 생각해 보면 그 물체의 표면적이 넓을수록 속도가 빠르다는 사실은 짐작할 수 있다. 또, 돌, 커피, 얼음 등 각각의 물질마다 공기를 통해서 열을 전달하는 효율이 다를 것이다. 이런 것들을 고려해서 비례상수가 정해질 터인데, 여기에서는 간단하게 c라고 하자. 그렇다면 저 비례식은 $f'(t)=c(f(t)-\mathrm{T})$와 같이 나타낼 수 있다. 이 식을 적분하면 자연로그가 등장하고 결국 지수함수 $f(t)=\mathrm{T}+\mathrm{DC}^t$(C, D는 상수)를 얻게 된다.

비례상수를 모르는 상황이므로 상수 C, D의 값을 구하기 위해 몇 가지 온도를 측정하자. 하늘광장 카페의 기온은 22도, 커피의 처음 온도는 92도, 1분 후 잰 커피의 온도가 88도였다면 커피의 냉각속도 식은 다음과 같이 구할 수 있다.

처음 온도가 92도이므로 $f(0)=92$, 1분 후 온도가 88도이므로 $f(1)=88$을 이용하면

$f(0)=92$이므로 $92=22+\mathrm{DC}^0$, $\mathrm{D}=70$

$f(1)=88$이므로 $88=22+70\mathrm{C}$, $\mathrm{C}=\frac{66}{70}\approx 0.86$

따라서 위 상황에서 t분 후 커피 온도는 $f(t)=22+70\times 0.86^t$로 예측할 수 있다.

순라의식은 선대칭으로

벽면 높이 가득찬 책장과 사다리꼴 책장.

서울시청 신청사에서 구름다리를 건너면 구청사로 넘어올 수 있다. 구청사는 서울도서관이다. 넓은 계단에 많은 사람들이 편안하게 앉아 책을 읽고 있다. 도서관에 올 때마다 느끼는 거지만, 정말 책이 많다. 책 제목을 하나씩 살펴가며 이책 저책 다 읽었으면 좋겠다. 저 많은 책을 다 읽으려면 도서관으로 매일 출근해야지 싶다.

'느지막이 일어나서 아침을 가볍게 먹고 도서관에 와 책을 고른다. 햇빛이 적당히 드는 자리를 골라 앉아 책을 읽다가 까무룩 졸기도 하고, 가끔 바람도 쐬고 그렇게 종일토록 책을 읽다가 하루가 저물 녘 집으로 돌아오면서 머릿속으로 읽은 책을 톺아본다.' 생각만으로도 흐뭇하다. 그런 날을 꿈꾸어 본다.

다시 도서관을 둘러본다. 5m 높이의 천정이 탁 트인 공간을 선사한다. 벽면을 가득 채운 책장과 어린이 서가에 놓인 나지막한 사다리꼴 책장. 그 대비가 묘하게 어울린다.

수학속으로 3 균형추가 전기세를 줄여줄까?

호모 파베르, 인간은 도구를 사용하여 문명을 만들어 냈다. 무거운 물체를 높은 곳으로 옮기기 쉽게 만든 것이 도르래다. 물체를 밧줄에 매달고 다른 쪽에서 아래로 당기면 당긴 만큼 물체가 올라간다. 직접 들어 올리는 것보다 이렇게 줄로 당기는 것이 힘이 덜 드는 이유는 당기는 사람의 몸무게가 같이 작용하기 때문이다. 도르래에 추를 매달면 그 무게까지 작용하여 더 쉽게 들어 올릴 수 있다. 바로 기중기의 원리이다.

승강기 역시 원리는 같다. 과연 균형추가 있으면 전력이 더 적게 드는지 확인해 보자.

승강기 차의 무게를 N, 최대적재하중, 즉 수송 가능한 가장 무거운 무게를 M, 균형추의 무게를 m이라고 하자. 보통의 경우 균형추의 무게는 차의 무게에 최대적재하중의 40~50%를 더한 값으로 하니 $m=\mathrm{N}+0.5\mathrm{M}$이라고 하자(이 값들은 중력가속도를 곱한 무게로 한다).

승강기 차를 높이 h만큼 올리고 내리는 데 드는 일을 추를 달지 않은 경우와 추를 단 경우, 두 가지로 나누어 계산해 보자.

일은 힘과 거리를 곱한 값이다. 힘은 질량과 가속도를 곱한 값인데, 질량에 중력가속도를 곱한 값이 바로 위에서 설정한 무게이므로 일은 무게에 거리를 곱하면 된다. 마찰 등 복잡한 경우는 생략하고, 단위도 생략하고 단순하게 계산해 보기로 하자.

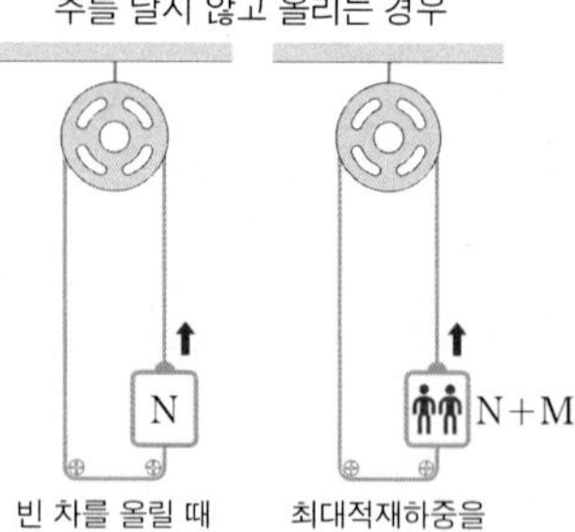

빈 차를 올릴 때 무게는 N

최대적재하중을 실은 차를 올릴 때 무게는 N+M

첫째, 추를 달지 않은 경우, 승강기 차를 올리는 무게는 빈 차일 경우에는 N, 최대적재하중을 채웠을 경우에는 M+N이므로 이때의 일은 각

각 Nh, (M+N)h이다. 내릴 때에는 내리는 무게에 의하여 자연스럽게 내려오므로 일은 0이다(위치에너지가 일을 한다. 이때 발생하는 열을 전기에너지로 바꾸는 승강기도 있다). 따라서 승강기 차가 오르내릴 때의 일의 평균은 (N+0.5M)h이다.

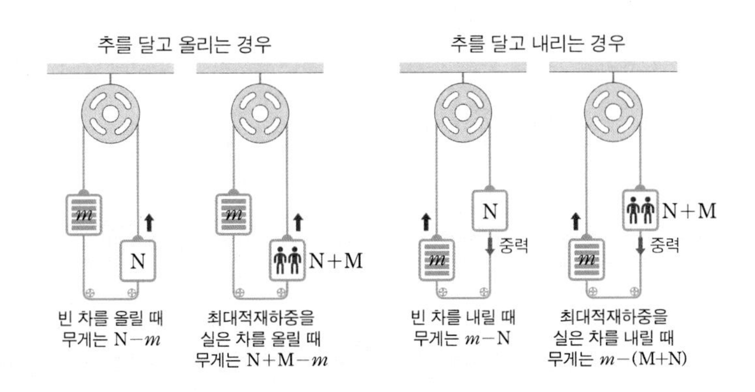

둘째, 추를 달았을 경우, 승강기 차와 균형추는 반대로 움직인다. 올리는 무게는 빈차일 경우에는 $N-m=-0.5M$, 최대적재하중을 채웠을 경우에는 $M+N-m=0.5M$이므로 일은 각각 0, 0.5Mh이다. 내리는 무게는 빈 차일 때는 $m-N=0.5M$, 최대적재하중을 채웠을 경우에는 $m-(M+N)=-0.5M$이므로 일은 각각 0.5Mh, 0이다. 따라서 승강기 차가 오르내릴 때의 일의 평균은 $(0.5Mh+0.5Mh)/2=0.5Mh$이다.

두 경우를 비교하면 추를 달지 않았을 경우의 일의 평균은 (N+0.5M)h, 추를 달았을 경우의 일의 평균은 0.5Mh이다. 이로부터 추를 달지 않았을 때 Nh만큼 일을 더 하게 됨을 알 수 있다. 상황을 매우 단순화시켰지만 균형추가 승강기를 운행하는 데 전기세를 줄여준다는 것을 알 수 있다.

다시 구청사 승강기를 타고 5층으로 향한다. 5층에는 옛청사 흔적전시실이 있고, 하늘뜰로 나가 바깥을 볼 수도 있다. 5층에 내리자마자 뜬구조 공법을 설명해 놓은 전시물이 보인다. 일제 강점기인 1926년, 경성부청(京城府廳)으로 건립되었다가 광복 후 서울시청으로 사용했던 구청사에는 원래 지하가 없었는데, 새로 공사를 하면서 지하 4층까지 만들었다고 한다. 그 과정에서 건물을 훼손하지 않기 위해 중앙홀을 들어 올리고 공사를 했는데, 그게 바로 뜬구조공법이란다. 시청사 투어를 하는 사람들 틈에 끼어 안내자의 말을 주워듣는다.

5층 구석에는 군기시터 발굴현장에서 확인된 연약한 지층을 보강하기 위해 사용한 나무 말뚝인 지정말목이 전시되어 있다. 이외에도 구청사의 흔적이 많이 전시되어 있는데, 위아래로 열리는 창문이 인상적이다. 창문 옆에 도르래가 보이는 오르내리막 창문, 요즘은 좀처럼 보기 어려운 옛날 창문이다.

카페를 지나 하늘뜰로 나섰다. 적당히 넓은, 잘 정돈된 뜰 너머로 빌딩들, 그리고 하늘이 보인다. 말 그대로 하늘뜰이다. 서울광장과 덕수궁을 내려다보고 싶었는데, 하늘만 실컷 보다 내려왔다. 구청사를 나오면서 세월의 흔적이 느껴지는 육중한 나무문을 밀고 나왔다. 뒤돌아보니 '서울도서관'이라는 간판이 걸려 있다.

서울광장의 연둣빛 싱그러운 잔디 위에서 순라의식이 한창이다. 덕수궁 대한문 앞을 출발한 순라군들이 서울광장까지 행진해 의식을 마무리하는 중이다. 이런 의식 대열은 대체로 선대칭이다. 중앙에는 노란색 전통 복장의 순라군들, 양 끝쪽으로 연보라색 복장의 순라군들이 깃발을 들고 서 있다. 맨 앞에는 순라대장이 검은색, 붉은색, 노란색이 골고루 들어간 복장으로 대열을 이끈다. 복식을 갖추어 입어 대칭이 더 잘 보이고, 그래서 의식이 더 격이 있고 규율이 선다. 순라군들의 무리가 깃발을 앞세우고 다시 덕수궁 쪽으로 방향을 잡는다. 나는 그들과 반대편 건널목 쪽으로 간다. 건너편에 보이는 기와지붕 문이 환구단 대문, 바로 순라군들이 지키던 왕, 아니 황제가 하늘에 제사를 모시던 곳이다.

순라군들이 서울광장에서 마무리 의식을 펼치고 있다.

대칭이 전하는 환구단의 애달픈 꿈

서울광장에서 소공동 쪽 건널목 신호등이 바뀌기를 기다린다. 건너편에 보이는 문이 환구단 대문이다.

1897년 경운궁현재 덕수궁으로 돌아온 고종은 황제가 되기로 했다. 환구단을 세우고 천신에게 제사를 올렸다. 제천의례는 하늘의 명을 받은 중국 황제만이 할 수 있는 일이었다. 조선시대 세조를 마지막으로 환구제가 중단된 것은 그 때문이다. 고종이 자신이 머물던 경운궁 건너편에 환구단을 지은 것은 열강들이 각축을 벌이는 어지러운 정세 속에서 자주독립국가의 길을 가려는 혼신의 몸부림이었을까. 고종은 환구단에서 예를 올린 후 황제로 즉위하고 나라 이름을 대한, 연호는 광무라고 발표하였다. 이것이 대한제국의 시작이다.

그러나 대한제국이 스스로를 지키지 못했기에 환구단도 무사하지 못했다. 환구단은 제천의식을 지내는 원형의 3층 제단, 신위가 모셔져 있는 황궁우, 대문, 제단과 황궁우 사이의 아치 3개로 이루어진 아치 삼문 등 여러 채의 건물들이 기와를 얹은 담장에 둘러싸여 꽤 넓은 부지에 자리하고 있었다. 그러나 조선총독부가 환구단 건물과 터를 소유하면서 1913년 호텔을 짓는다는 명목으로 환구단을 훼손하였다. 황궁우, 아치 삼문, 석고돌로 된 북, 환구단 대문 정도만 남기고 모두 헐어버렸다. 제단이 있던 곳에는 '조선 호테루'를 지었다.

환구단의 기구한 역사는 우리 민족의 신산한 근대사를 그대로 보여 준다. 1894년 일본은 경복궁을 무력으로 점령하고 고종을 포로로 삼았다. 청일전쟁을 일으켜 승리한 1895년 명성황후를 시해했다. 고종은 경복궁에서 탈출하려던 첫 번째 계획춘생문 사건이 실패하자 다음 해 2월 러시아공사관으로 피신했다. 한 나라의 왕이 자신의 궁궐에서 위협을 느껴 외국 공사관으로 피신을 했다니 얼마나 모욕적이었을까. 고종은 당시 대륙으로 진출하려는 일본의 야심에 민감하게 반응하던 러시아의 손을 잡고 나라를 다시 일으킬 구상을 했을 것이다. 경운궁

일제가 1913년 허물기 전의 온전한 모습. 왼쪽 3층짜리 건물이 신위를 모신 황궁우, 오른쪽 원뿔 형태의 둥근 건물이 환구단 제단이다. [출처 | 독립기념관]

재건도 그 일환이었다. 1년의 준비 기간을 거쳐 경운궁으로 돌아와 환구단을 짓고 열강들 틈에서 제국을 선포했으나 나라도, 환구단도 지키지 못했다.

돌로 된 북이
울릴 때까지

신호등에 초록불이 들어왔다. 환구단 대문에 한 걸음씩 가까워진다. 소박한 맞배지붕 아래 단정한 세 개의 문, 여기에도 기구한 사연이 있다.

환구단은 2007년 조선호텔을 개축할 때, 철거된 후 소재를 모르다가 50여 년이 지난 1967년에서야 기적처럼 다시 발견되었다. 강북구 우이동에 있는 그린파크 호텔을 재개발하는 과정에서 호텔 정문이 환구단 대문이라는 사실이 밝혀진 것이다. 이후 지금 위치로 돌아와 복원되었다. 일본에 의해 흔적 없이 헐리지 않은 것만도 다행이라고 해야 하나?

문을 끼고 오른쪽으로 돌아 환구단으로 들어가는 계단을 오른다. 석고, 돌로 만들어진 북 3개가 나란히 늘어서 있다. 하늘에 제사를 올릴 때 사용하는 악기를 형상화했다는 설명문이 아니더라도 하늘을 향한 간절한 염원이 들리는 듯하다. 당시 환구단을 허무는 일제의 만행에 비분한 피 끓는 청년들과 일본 군인 사이에 벌어진 격투가 한두 번이 아니었다고 한다. 공사장의 일본 군인을 야습하여 왜놈의 헌병을 살해하였다는 우리나라 장교 조룡대씨와 몇 동지를 위로하는 북소리가 울려 퍼졌으면 좋겠다.

용이 새겨진 석고. 하늘을 향한 북소리가 들리는 듯하다.

1958년 9월 4일 동아일보 4면에 실린 기사에 의하면 이 사건은 환구단에 근무하던 조룡대 씨가 결혼한 지 1년 된 때의 일이다. 부인 박소저 여사는 삼 년이 지나도 남편이 돌아오지 않자 남편을 찾아 연해주로 떠났다고 한다. 남편이 함경북도 웅상에서 병들어 세상을 떠났다는 사실을 알게 된 박여사는 무덤 앞 길목에서 그 고장을 오가는 수많은 독립지사들을 도우며 살았다고 한다. 사연이 이러하니 돌로 된 북일지라도 진혼의 북소리를 두둥둥 울려야 하지 않겠는가.

그러나 배경으로

전락한 환구단

석고에서 몸을 돌리자 왼쪽으로는 황궁우가 적막하게 서 있고, 오른쪽으로는 아치문 3개가 나란히 보인다. 솟을대문처럼 가운데가 높은 석조아치문이다. 문 너머로 20층 조선호텔이 환구단 제단이 있던 자리를 차지하고 있다. 그래서인지 황궁우, 아치삼문, 석고 등 남은 유적이 마치 호텔 뒤뜰 같아 보인다.

조선호텔이 20층이 아니었던 1926년에도 환구단이 초라해 보였나보다. 동

조선호텔 뒤 고층건물에 둘러싸인 환구단의 황궁우 건물, 신위를 모신 팔각 3층 건물이다.

아일보 1926년 12월 20일 2면에 실린 '옥상에서 바라본 경성의 팔방'이라는 기사에는 낭시 환구난의 보습을 나음과 같이 묘사하고 있다.

> 검어침침한 화장벽돌에 가진 귀교를 다부린 조선 "호텔"이 잇스니 불과 디척이라 업듸면 코가 다흘듯하다. 조선 "호텔" 뎡원 내에 크다란 삼층탑이 "호텔" 큰집에 눌리워 주름을 못펴고 서 잇스니 이것이 남별궁 터 안에 잇는 환구단이다. 남별궁 자리에 조선호텔에서 오직 환구단만 남어 잇서 무심한 외국손님의 구경거리가 되어 잇스되 환구단의 래력을 아는 사람으로써야 엇지 무심히 볼 수가 잇슬가

이렇게 구경거리 소품으로 전락한 사정은 조선호텔 쪽에서 바라보는 환구단

일제 강점기 조선호텔의 모습. 호텔 뒤쪽으로 환구단이 보인다. [출처 | 『대경성도시대관(大京城都市大觀)』(조선신문사, 1937)]

아치삼문. 아치삼문과 황궁우 등 환구단에는 해치와 용이 있다.

풍경이 일품이라거나 한복 입고 기념사진 찍기 좋다는 등 인터넷에서 검색되는 글귀에서도 쉽게 읽힌다. 아치삼문을 지나면서 보이는, 호텔의 어두운 유리창 너머로 어른어른 보이는 사람들의 모습이 무심하게 느껴진다. 호텔을 보지 않는 방법은 호텔을 등지고 서는 길뿐. 등 뒤로 조선호텔이 아니라 원형 제단에서 고종과 백관들이 하늘에 지내는 의례, 환구대제를 지내는 광경을 상상해 본다. 절 한 번에 주변 강국들에게 당한 설움을 씻으려 했을까. 절 한 번에 왕권 강화를 꿈꾸었을까. 벌써 120년 전의 일이다.

해방 후 주로 미군이 사용했던 조선호텔은 1967년 재건축되었고, 소유권이 여러 차례 바뀌다가 지금은 신세계그룹 소유가 되었다.

아치삼문 아래 답도궁궐에서 임금이 가마를 타고 지나가는 계단에 대칭을 이루며 정교하게 새겨져 있는 두 마리의 용이 영물스럽다. 익살스런 표정의 해치 두 마리가 미끄러져 내려올 듯 계단에 엎드려 있고, 다른 여러 마리의 해치들도 사악한 기운을 막고 있는 듯하다. 해치 발 아래에는 태극 문양이 새겨져 있는데, 세 갈래로 휘감아도는 삼태극으로 궁궐에서 보던 모양이다. 그 회전대칭이 안 그래도 어지러운 마음을 더 일렁이게 하는데, 아치삼문의 대칭, 답도와 계단의 해치들이 이루는 대칭은 번잡한 상념을 가라앉힌다.

여기서 잠깐, 회전대칭이라는 말이 조금 낯설 수 있으니 알아보고 가자.

대칭이라고 하면 보통 좌우대칭을 떠올린다. 좌우대칭은 좌우를 나누는 기준선이 대칭축이 되어 그 축을 기준으로 좌우를 바꾸어도 똑같은 것을 말한다. 지구에 살고 있는 동물, 식물들은 중력 때문에 대체로 좌우대칭의 모습을 가지고 살아가는데, 강물에 비친 나무가 만드는 대칭도 좌우대칭이다. 대칭축이 수평일 뿐이다. 이런 좌우대칭을 수학에서는 선대칭 또는 반사대칭라고 부른다. 이름이야 어쨌든 축을 기준으로 양쪽이 똑같다는 사실만 기억하자.

'변하지 않는 변환', 이것이 대칭의 핵심이다. 다시 말하면 주어진 모양에 어떤 변환을 적용했을 때, 그 모양이 변하지 않으면 그 변환을 해당 모양의 대칭이라고 한다. 따라서 평행이동이나 회전이동도 대칭이다.

회전대칭은 그 변화가 회전으로 오는 경우를 말한다. 어떤 각도만큼 회전한 후에 그 모양이 변하지 않은 경우를 말한다. 정삼각형은 중심에 대해 120도 회전하면 회전하기 전과 똑같고 240도 회전해도 똑같다. 정사각형은 중심에 대해

수학속으로 4 환구단에서 보는 대칭

환구단에서 볼 수 있는 대칭 - 반사대칭과 회전대칭을 찾아보자.

환구단의 아치삼문 답도에 있는 두 마리의 용은 반사대칭이다. 두 마리의 용 사이에 선을 그으면 그 선을 축으로 대칭을 이룬다. 답도를 기준으로 양쪽의 계단도 반사대칭이다. 아치문도 중앙에 수직인 선을 생각하면 반사대칭이다.

환구단 아치삼문의 답도에 그려진 그림은 반사대칭이다(왼쪽 사진). 아치삼문과 계단도 반사대칭이다(오른쪽 사진).

석고 계단 아래, 아치문 돌계단 아래 있던 삼태극은 회전대칭이다. 태극의 중심을 회전의 중심으로 하여 마치 팽이를 돌리듯 120도 회전시키면 태극 문양이 겹친다. 240도 회전시켜도 원래 문양과 똑같다. 360도를 기준으로 120도씩 세 번 회전시켜도 똑

석고계단 아래쪽에 새겨져 있는 삼태극 무늬는 3겹 회전대칭이다.

같은 이런 경우를 3겹 회전대칭이라고 한다(색깔은 무시하기로 하자). 국기인 태극기에서 보는 태극은 2겹 회전대칭이다.

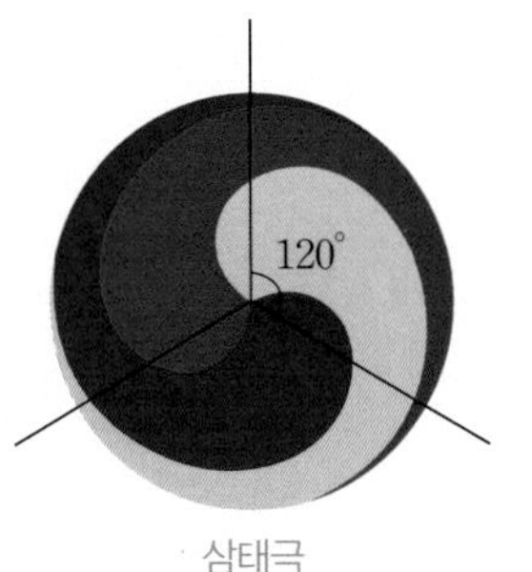

삼태극

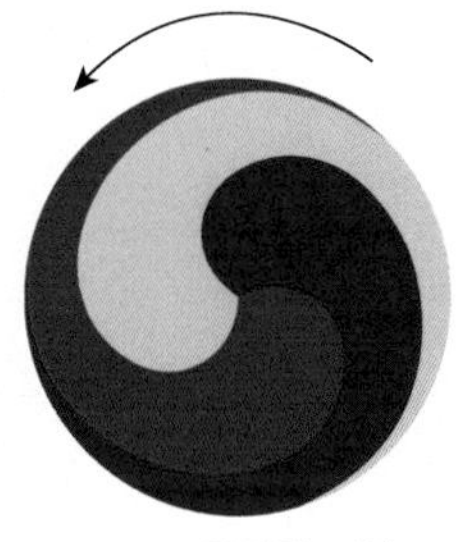
120도 회전된 모양

240도 회전된 모양

황궁우는 팔각건물이다. 360도를 8로 나누면 하나의 중심각의 크기는 45도이니 45도씩 회전할 때마다 똑같고 그래서 8겹 회전대칭이다.

지금은 사라졌지만 환구단 제단은 원형이었다. 원은 얼마를 회전해도 항상 똑같다. 원을 완전한 도형이라고 하는 이유에는 여러 가지가 있지만 가장 중요한 이유는 바로 어떤 각도에 대해서도 회전대칭이라는 사실 때문이다. 원의 중심을 회전의 중심으로 하여 돌려 보자. 어떻게 돌리든 항상 똑같지 않은가.

황궁우 문의 푸른 빛 문살은 반복되는 삼각형 모양과 평행이동된 꽃 문양으로 꾸며져 있다.

90도씩 회전할 때마다 똑같다. 이럴 때 회전대칭이라고 한다.

환구단 제단에서 아치삼문을 통해 황궁우로 걸어가듯, 아치삼문을 지나 잘 가꾸어진 잔디를 밟으며 3층짜리 팔각 건물, 황궁우 앞으로 가까이 간다. 계단 앞에 서니, 여기도 해치들이 반겨 준다. 황궁우는 안을 들여다볼 수 있게 개방한 적도 있나 본데, 올 때마다 출입금지 팻말을 만난다. 돌난간에 기대어 하릴없이 해치만 쓰다듬는다.

십 년쯤 전부터 매년 환구대제를 재현하고 있단다. 덕수궁에서 환구단까지 가는 어가행렬, 화려한 복색이나 장엄한 의식을 마음 편히 즐길 수 없는 이유는 반쪽짜리 복원, 반쪽짜리 재현이라서일까. 환구단을 그저 멋진 사진의 배경 정도로 여기는 한, 재현 행사는 박제된 문화의 소비에 불과하다.

황궁우를 둘러싼, 삼각형 모양으로 구멍이 숭숭 뚫린 푸른 빛 솟을살문에서는 테셀레이션을 볼 수 있다. 궁궐이나 사찰 건물, 담장을 장식할 때 쓰는 기법으로 문양을 반복적으로 사용하여 평면을 빈틈없이 채우는 방법이다. 한 종류의 다각형으로 평면을 빈틈없이, 반복적으로 채우려면 삼각형, 사각형, 육각형만이 가능하다. 그래서 화려한 문살 장식 모양은 삼각형이 반복되는 모양이 많은데, 삼각형이 6개 모이면 육각형이니 삼각형으로 보든 육각형으로 보든, 보는 이에게 달려 있다.

테셀레이션 살창 아래에는 꽃 문양이 가득하다. 문 한 개 폭의 절반을 차지한 꽃이 반복되고 있다. 한 칸 한 칸 옮겨가듯, 꽃 문양이 평행이동한다. 고개를 드니, 처마 밑의 서까래도 나란히, 나란히 평행이동하고, 하늘을 배경으로 살짝 보이는 지붕 위의 수막새도 평행이동한다. 규칙적인 배치는 반복되는 일상만큼이나 평안한 안정감을 준다.

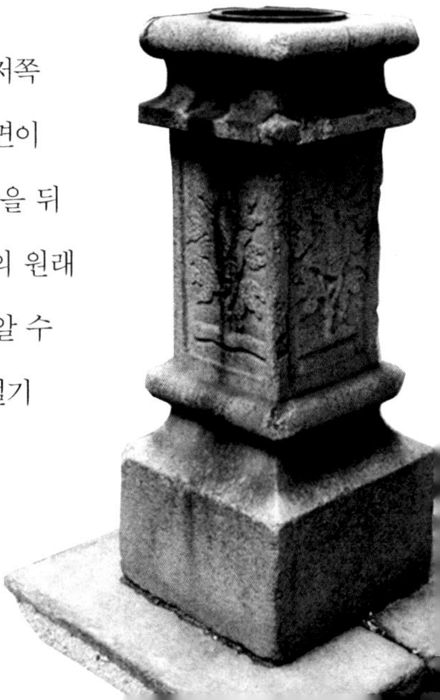

눈을 돌려 예전보다 좁아진 마당을 둘러본다. 저쪽 오른쪽에 석탑같이 생긴 것이 해시계구나…. 윗면이 판판해 보이지만 가까이 가서 들여다보니 솥뚜껑을 뒤집어 놓은 것처럼 우묵하다. 해시계인 앙부일구의 원래 자리는 석고 쪽이라던데, 언제 옮겨 놓았는지도 알 수 없을 뿐더러 시각을 읽을 수 있는 바늘도 없다. 절기를 나타내는 눈금도 다 지워져 읽을 수 없다.

협문의 아치에는 띠 무늬가 새겨져 있다.*

옆으로 돌아가니 협문이 있다. 이 문 역시 아치문인데 다른 문과 달리 아치를 따라 기하학적인 무늬가 도드라져 보인다. 이렇게 한 줄로 쭉 이어지는 띠 무늬는 꽃담이나 창호, 항아리 또는 한복에서도 볼 수 있다. 덩굴 문양, 구름 문양, 기하학적 문양 등 헤아릴 수 없이 많은 문양들이 수평으로, 수직으로, 또는 둥글게 한 줄로 쭉 이어져 벽돌, 처마, 담, 그릇, 자수를 아름답게 꾸며 준다. 이런 띠 무늬를 잘 들여다보면 한 가지 모양이 좌우로 평행이동하면서 반복된다는 것을 알 수 있다. 이 모양을 단위 문양이라고 부른다. 단위 문양에 다른 대칭이 없는 경우도 있지만, 더 작은 모양을 수평반사, 수직반사, 회전대칭(띠 무늬는 한 줄로 된 무늬이기 때문에 회전대칭은 180도 회전대칭–2겹 회전대칭–만 사용한

어떤 대칭을 이용한 띠 무늬일까? 수학속으로 5

협문 아치 위에는 흰색 바탕에 기하학적 띠 무늬가 새겨져 있다. 이 무늬의 단위 문양은 어떻게 만들어졌을까? 어떤 대칭이 숨어 있을까?

협문의 띠 무늬를 가만히 들여다보면 평행이동되는 단위 문양을 찾을 수 있다. 아래 그림에서 점선으로 표시한 사각형 부분이다. 이 문양이 좌우로 평행이동하면서 동일한 무늬가 반복되는 띠 무늬가 만들어졌다.(물론 이 부분이 아닌 다른 부분을 택할 수도 있지만 대칭이동으로 모양이 같으면 동일한 경우로 본다.)

이 단위 문양이 어떻게 만들어졌는지, 더 작은, 반복되는 기본 모양을 찾아보자. 우선 이 단위 문양에는 수직반사가 있어, 절반인 모양이 기본 모양의 후보가 될 수 있다. 그런데 을 자세히 보면 절반의 모양이 180도 회전이동되어 만들어진 모양임을 알 수 있어 이 띠 무늬의 기본 모양은 임을 알 수 있다.

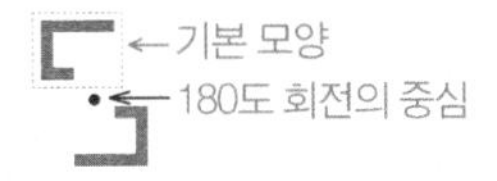

정리하자면, 기본 모양 을 180도 회전하여 만들어진 을 다시 수직반사하여 단위 문양을 만든 후, 평행이동하여 만들어진 띠 무늬라고 해석할 수 있다.

다)시켜 단위 문양으로 만든 경우도 있다.

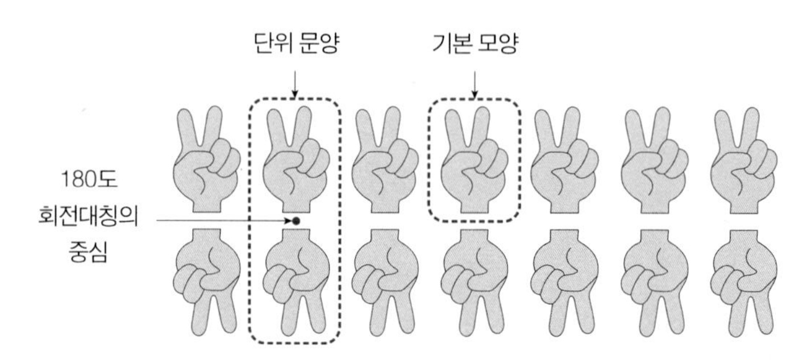

기본 모양을 180도 회전대칭하여 단위 문양을 만든 후 좌우로 평행이동하여 만들어진 띠 무늬이다.

이와 같이 어떤 띠 무늬를 만들려면 먼저 기본 모양을 결정해야 한다. 기본 모양이 꽃인가 구름인가 글자인가 또는 기하학적 모양인가에 따라 완성된 띠 무늬의 전체적인 문양이 정해지기 때문이다. 기본 모양 그대로 단위 문양을 하든, 아니면 기본 모양에 대칭을 사용하여 단위 문양을 만들든, 띠 무늬는 단위 문양이 좌우로 평행이동되면서 규칙적으로 반복되는 무늬를 말한다.

비틀린 상,
아나모포시스

무거운 마음으로 환구단을 나와 다시 서울광장으로 가는 건널목에 선다. 신

글자가 세로로 길어 읽기 힘들지만(위쪽 사진) 차에 타고 있는 사람에게는 제대로 보인다(오른쪽 사진).

호등이 바뀌기를 기다리는데, 차도 바닥에 쓰인 글자가 눈에 들어왔다. 청계천, 종로, 을지로. 글자가 위아래로 잡아당긴 것처럼 세로로 길다. 읽기 어렵다고 불평하기엔 이르다. 이 글자들은 보행자를 위한 것이 아니라 운전자를 위한 것이기 때문이다. 이렇게 세로로 긴 글씨가 달리는 차 운전석에 앉아서 볼 때는 가로, 세로가 정상인 상태로 보인다. 이런 현상을 아나모피시스라고 하는데 우리말로는 '기울고 비틀린 상'이라는 뜻이다. 차를 타고 갈 때 도로를 유심히 살펴보면 경험할 수 있다.

반대로 가로로 길게, 아나모피시스를 적용할 수도 있다. 가로로 길게 하면 긴 쪽, 즉 측면에서 볼 때 제대로 보이고 다른 쪽에서는 이상해 보인다.

아나모피시스를 사용한 그림으로 가장 유명한 것은 1533년에 한스 홀바인이 그린 작품 「대사들」일 것이다. 그림 왼쪽의 프랑스 정치인 장 드 댕트빌과 오른쪽의 교황청의 대사인 조르주 드 셀브 주교는 영국에 파견되어 영국과 로마 교회의 갈등을 해소할 임무를 맡고 있었다. 당시 영국에서는 국왕 헨리 8세가 왕비 캐서린과 이혼하고 앤 불린과 결혼하기 위해 교황에게 결혼 무효 소송을 신청했으나 기각되자 앤 불린과 결혼하고 로마의 감독권을 폐지하는 법령을 공포하면서 가톨릭교회로부터 독립하게 되는 일련의 사건이 벌어지고 있었다. 영국국교회가 카톨릭으로부터 갈라져 나오는 발단이 된 사건이다. 댕트빌의 요청에 의해 초상화를 그린 홀바인은 그림 아래쪽에 무엇인가 알 수 없는 것을 대각선으로 길게 그려 넣었다. 댕트빌은 여기에 어떤 비밀을 숨겨 놓은 걸까? 이 그림을 약간 떨어진 오른쪽에서 보면 이 은빛 물체가 해골임을 알아차릴 수 있다. 탁자 위의 천구의, 사분의, 지구본, 삼각자와 컴퍼스 등이 의미하는 과학 지식, 세속에서 추구하는 부와 욕망 모두 이 해골의 정체를 깨닫는 순간 순간 빛을 잃는다. 해골이 잘 보이게 그려져 있는 것과는 비교하기 어려울 정도로 섬뜩한 효과가 있다. 댕트빌과 홀바인이 죽음의 기호를 왜곡해서 표현하면서 말하고 싶

오른쪽 위에서 보면 무엇인지 알아볼 수 없는 물체가 해골임을 알 수 있다.

「대사들」, 한스 홀바인, 1533년, 내셔널갤러리, 런던(왼쪽 그림).

었던 것은 눈에 보이는 현상을 걷어내야 삶의 진정한 의미가 보인다는 것은 아니었을까.

수학속으로 6 원뿔 거울로 보는 아나모피시스

아나모피시스 중에는 특정한 지점이 아니라 특별한 도구가 있어야 제대로 된 형상을 볼 수 있게 그린 것도 있다. 원뿔 거울, 원기둥 거울을 이용해야 볼 수 있는 아나모피시스는 어떻게 그릴까?

종이거울을 부채꼴로 오려 원뿔 모양으로 접어 왼쪽 그림의 점선 원 위에 놓아보자. 위쪽에서 보면 원뿔 거울 위에 제대로 된 그림이 보인다.

또, 종이거울을 둥글게 말아 원기둥 거울을 만들어 오른쪽 그림 점선 원 위에 놓고 보자. 부채와 삼각자를 들고 '수학'여행에 푹 빠진 사람이 보이는가?

원뿔 거울로 보는 아나모피시스

원기둥 거울로 보는 아나모피시스

그 원리는 무엇인지 알아보자. 위쪽에 부딪힌 빛은 멀리 반사되고, 아래쪽에 부딪힌 빛은 가까이 반사되는 반사의 성질을 이용한 것이다. 따라서 원형 그림 중심에서 멀리 그려진 그림은 원뿔의 꼭짓점 부분에 상이 생기고, 가까이 그려진 그림은 원뿔 옆면의 아래쪽 부분에 상이 생긴다.

원뿔, 원기둥 거울을 이용하면 보이는 그림

알기 쉽게 수를 이용하여 설명하면 다음과 같다. 원뿔 거울로 보았을 때 오른쪽 그림과 같은 상이 되려면 밑그림을 바깥쪽의 숫자 5, 6, 7, 8은 원뿔 가까이, 안쪽의 숫자 1, 2, 3, 4는 멀리 왼쪽 그림과 같이 써 넣으면 된다.

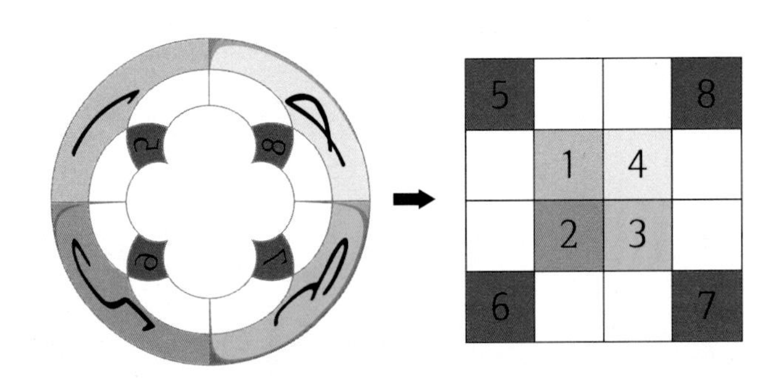

세종로를 지나 광화문으로

건널목 신호등에 초록불이 들어왔다. 서울광장을 가로질러 서울시청을 오른쪽으로 끼고 돌아 광화문 방향으로 걷는다. 건너편 덕수궁 돌담길 옆으로 로마네스크 양식의 건물이 근사하다. 세종대로 일대를 역사문화 특화구간으로, 대한제국의 길을 만든다는 말도 있었다. 정동 일대는 한 걸음만 떼도 파란만장한 역사가 살아숨쉬는 유적지이긴 하다. 돌담길이 끝나는 골목으로 들어서자 세실극장이 보인다. 나지막한 벽돌건물이다. 벽돌이 규칙적으로 반복해서 엇갈려 쌓인 모습이 단정하다. 세실 극장이 대학로가 만들어지기 전 80년대까지 연극의 메카였다면 지하의 세실 레스토랑은 80년대 민주화운동의 메카라고 할 수 있다. 80년 쿠데타로 집권한 군부독재의 엄청난 탄압에도 굴하지 않았던 민주화 운동은 유명 · 무명의 숱한 희생자를 낳았다. 1987년 '탁' 치니 '억' 하고 죽었다는 박종철 고문치사 사건으로 민주화 운동이 새 국면으로 들어서면서 4 · 13 호헌조치가 있었고 천주교 정의구현 사제단의 박종철 고문치사 조작 · 은폐 사건 폭로

로마네스크 양식의 성공회 서울성당.

가 이어졌다. 시국선언과 기자회견 장소는 대체로 세실 레스토랑이었다. 성공회 성당과 연결되어 있어 상대적으로 안전한 장소였기 때문이리라.

뜨거운 유월의 기억

로마네스크 양식의 성공회 서울성당으로 들어선다. 이국적인 지붕과 아치 창문들, 주황색 기와지붕이 멋스럽다. 아치를 채운 적벽돌과 밝은 화강암벽돌이

의외로 잘 어울린다. 로마네스크 양식이 우리의 것이 아닌데도 한옥과 잘 어울리는 것은 아마도 현지 문화를 받아들이고 배려하는 성공회 철학 때문일 것이다. 천주교와 개신교 교회들이 대부분 서양식을 기본으로 하고 현지 건축물의 양식을 절충하여 지어진 반면 성공회 성당은 1950년대까지도 한옥 건물을 지었다. 이곳에 사제관, 수녀원을 지을 때도 한옥의 겉모습을 유지하면서 적벽돌을 사용한다던가 유리창문을 쓰는 등 서양식을 가미하여 전체적으로 조화를 이룬 것으로 보인다. 사제관 앞에는 개인 집처럼 작은 마당이 있다. 사람의 손길이 많이 가지 않은 듯 자연스러운 나무와 꽃들 사이에 표지석이 보인다. '유월민주항쟁진원지'.

지금도 귀에 쟁쟁하다. '호헌철폐 독재타도', '직선제를 쟁취하자'. 도로를 가득 메운 학생과 시민들. '넥타이 부대'라는 말도 이때 생겼다. 6월 내내 퇴근하면 시내로 나가 대열에 끼어 구호를 외치며 가두시위를 벌이다가 최루탄이 매워 울기도 하고 사과탄 때문에 종아리에 화상을 입기도 했다. 그땐 거리에 쏟아져 나온 누구나 그랬다. 최루탄의 매운 기를 덜어 보려고 모르는 사람들끼리 치약으로 서로 닦아주기도 했다. 목숨을 잃은 사람도 있는데, 매운 것은, 화상쯤은 아무 것도 아니었다. 서울역, 남대문 시장, 을지로, 종로 곳곳에서 상인들이 전경에 쫓기는 시위자들을 숨겨 주었다. 곳곳에서 경찰 방어선이 무너지고 전경들이 무장해제 당하기도 했다. 박종철의 죽음이 불러온 호헌반대 운동은 몇 달간의 명동성당 농성으로 이어졌다. 그리고 시민들의 뜨거운 합세는 결국 6월 29일, 당시 노태우 민정당 대표위원의 직선제 개헌을 골자로 한 소위 6 · 29 선

'유월민주항쟁진원지'라는 표지석이 지금은 사제관으로 쓰이고 있는 경운궁 양이재 마당에 있다.

언을 이끌어냈다.

옆으로 돌아가니 적막한 가운데 전통 한옥이 한 채 서 있다. 경운궁을 중건할 때 지어진 건물로 1906년부터 황족과 양반 자제들을 이곳 양이재에서 교육했다. 이후 성공회가 조선총독부로부터 사들여 지금의 자리로 옮겼다고 한다. 로마네스크 양식의 성공회 성당 건물과 한옥 양이재 사이에 서서 '유월민주항쟁진원지' 표지석을 보며 생각에 잠긴다. 그리고 얼마나 시간이 흘렀나, 몇 번의 대통령 선거가 있었나. 태어나면서부터 국민의 손으로 뽑은 대통령을 보고 자란 세대들에게 유월항쟁은 너무 먼 이야기일까.

'부민관 폭파 의거 터'라는 표지판이 서울시의회 의사당 앞에 있다.

우리의 눈은
사영기하로 본다

큰 길로 나오는 길목에 서울시의회 건물이 있다. 건물 앞에 부민관 폭파 의거 터, 태평로 구국회의사당이라는 안내문이 있다. 경성부 부립 부민관. 경성은 일제 식민지 시대 서울의 이름이니 일제가 지은 다목적 회관이라고 할까. 이곳에서는 침략전쟁 참여를 독려하는 공연과 집회가 많이 열렸는데, 이광수도 이곳에서 연설했다고 한다. 부민관 폭파 사건은 일본의 패색이 짙은 1945년 7월, 우리 국민을 전쟁에 동원하려는 '아시아민족분격대회'라는 행사에서 폭탄을 터뜨린 사건이다.

서울시의회 의사당 옆길에 일정한 간격으로 나무가 심어져 있지만 우리 눈에는 간격이 점점 좁아지는 것처럼 보인다.

세종로 쪽으로 발걸음을 옮기는데, 재미있는 장면이 펼쳐진다. 인도에 나무가 일정한 간격으로 심어져 있는데, 우리 눈에는 나무 사이의 간격이 점점 좁아지는 것처럼 보인다. 의사당 건물의 아래쪽에 칠해진 붉은 색 부분도 멀어질수록 좁아진다. 길이 끝까지 이어진다면 소실점도 볼 수 있을 텐데 아쉽다. 하지만 이 정도로도 원근법을 아주 실감나게 느낄 수 있다. 사람의 눈은 있는 그대로 보지 못한다는 사실을 잊고 살다가 이렇게 문득 깨닫곤 한다. 사람은 정보의 80% 정도를 시각에 의존하는데, 시각으로 얻는 정보는 왜곡될 수 있다. 도로 바닥에 일부러 길게 쓴 글자처럼 원래의 것을 왜곡시켜 제대로 된 상을 얻어내기도 하고, 간격이 점점 좁아져 보이는 나무처럼 일정한 간격으로 심어도 다르게 보이기도 한다. 집중하고 눈을 똑바로 뜬다고 피할 수 있는 일이 아니니, 감각에만 의존할 수 없다. 어째서 왜곡되어 보이는지 그 원리를 파악해야 한다. 현상을 넘어 근본 원리를 파악하는 일, 수학은 그 도구로서의 역할을 충실히 해왔다. '푸앵카레의 추측'은 까마득한 우주에서 오는 전파를 잡아 컴퓨터를 이용한 수학으로 분석해 낸다. 보이지도 않는, 우주의 모양을 추측해냈다. 그레고리 페렐만이 증명했으니 이젠 추측이 아니고 푸앵카레의 정리라고 해야겠지.

나무들을 일정한 간격으로 심어 놓은 광경을 보면 수학 교과서에 흔하게 나오는 문제가 생각난다.

가로가 40m, 세로가 60m인 직사각형 모양의 밭 둘레에 일정한 간격으로 나무를 심으려고 한다. 밭의 네 모퉁이에는 반드시 나무를 심고 가능한 한 나무를 적게 심으려고 할 때 나무는 몇 그루 심을 수 있는가?

이런 유형의 문제를 풀 때는 네 모퉁이에 심는 나무를 중복해서 세지 않도록 주의해야 한다. 나무를 세는 방법은 문제를 푸는 사람마다 가지각색으로 나올 수 있기 때문이다.

세종로 사거리
날아갈 듯 날렵한 비전

세종로 사거리쪽으로 몇 걸음 더 걷자 도로원표 공원이 보인다. 도로원표는 전국 시군 간의 거리를 측정할 때 기준이 되는 점을 말한다. 서울의 도로원표는 1914년 조선총독부에서 지금의 이순신 장군 동상 위치에 설치했다가 이후 광화문 거리를 넓히면서 교보빌딩 앞 고종 즉위 40년을 기념하는 칭경기념비전으로 옮겨졌다. 조선시대에는 지역간의 거리를 측정하는 기준이 '대문'이었다고 한다. 서울과 부산 사이의 거리는 서울의 남대문에서 부산(당시 동래) 수영성곽문까지, 서울에서 의주까지의 거리는 서울 서대문에서 의주 남문까지의 거리가 되겠다. 그렇다면 지금은 어떨까? 서울에서 평택까지의 거리를 말할 때 경부선 고속국도 거리, 서해안선 고속국도 거리, 국도 거리, 직선거리와 같이 여러 가지 거리가 있다. 어느 거리가 맞다기 보다는 사용하는 사람에 따라 필요한 거리가 다를 뿐이다. 그래서 도로원표는 실용적인 의미보다는 상징적인 의미가 크다고 할 수 있다. 함흥까지 269km라는 표지를 딛고 서서 북동쪽을 바라본다. 블라디보스톡까지는 752km, 앵커리지까지는 6,076km라고 한다. 도로원표를 따라 오른쪽으로 돌면서 어떤 도시들이 얼마나 멀리 있는지 살펴본다.

건널목 앞에 서서 건너편 아름답지만 초라하고 처연한 고종 즉위 40년 칭경기념비전을 본다. 네 개의 지붕면과 그 면들이 만나는 지붕마루가 날렵하다. 그런데 지붕위 절병통이 낯설다. 색깔이나 재료가 기와와 어울리지 않고 모양도

수학속으로 7 일정한 간격으로 나무를 심을 때

가로 40m, 세로 60m인 직사각형 모양의 밭 둘레에 일정한 간격으로 나무를 심으려고 한다. 밭 네 모퉁이에는 나무를 반드시 심되 되도록 적게 심으려고 할 때 몇 그루의 나무를 심을 수 있는가?

나무 사이의 간격이 일정하려면 나무 사이 간격은 40과 60의 공약수이어야 한다. 또 나무를 적게 심으려면 나무 사이의 간격을 최대로 넓혀야 하므로 나무 사이 간격은 그냥 공약수가 아닌 최대공약수이어야 한다. 40과 60의 최대공약수는 20이므로 20m의 간격으로 나무를 심으면 된다.

그런데 밭의 네 모퉁이에는 반드시 나무를 심어야 하므로 아래 그림과 같이 가로에 3그루, 세로에 4그루를 심을 수 있다. 이 때 직사각형 모양의 네 모퉁이에는 나무를 두 번씩 심게 되므로, 따라서 필요한 나무의 수는 $3+3+4+4-4=10$(그루)이다.

이런 방법으로 생각할 수도 있다. 가로, 세로 길이를 간격 20으로 나누면 $40\div20=2$, $60\div20=3$이므로 가로에 2그루, 세로에 3그루를 심으면 된다. 이 방법은 오른쪽 그림과 같이 겹치지 않게 세는 방법이므로 실제로 필요한 나무 수는 $2+2+3+3=10$(그루)이다.

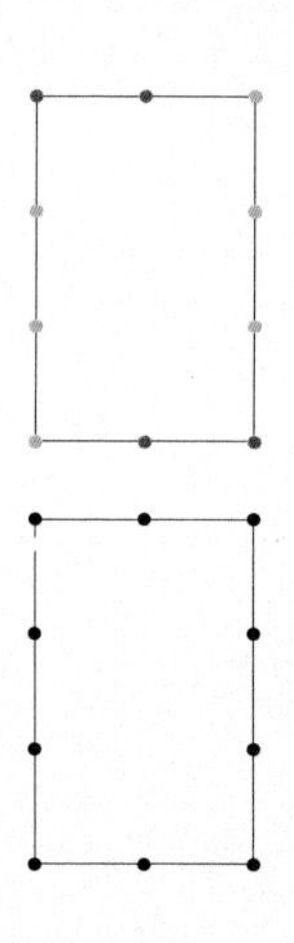

또 다른 방법으로 밭의 둘레를 직선으로 펴서 생각할 수도 있다. 그림과 같이 밭의 둘레를 한 점에서 끊어서 직선으로 펴면, 전체 길이는 200m이고 나무 사이의 간격은 20m이다.

따라서 $200\div20=10$(그루)로 구할 수 있다.

동쪽에서 본 고종 즉위 40년 칭경기념비전. 지붕이 날아갈 듯 날렵하다(왼쪽 사진). 비전의 북쪽 난간 위에는 북을 상징하는 쥐 한쌍(가운데)과, 현무(끝)가 있고, 그 사이에 해치가 있다(오른쪽 사진).

우리나라 식이 아닌 듯 어색하다. 찾아보니 옛날 사진과 모양이 다르다. 복원하면서 바뀐 것은 아닌지 의문이 든다. 비전 앞에 선다. 기념비를 보호하기 위해 작은 규모의 누각을 지어 '기념비전'이라는 현판을 달았다. 보통 비를 안치하는 건물을 비각이라고 하는데, 기념비각이 아니고 기념비전이라고 이름 붙인 것은 이 건물의 격을 높이려는 의도이다. 전은 왕이나 왕에 버금가는 인물과 관련된 건물에만 붙이는 이름이기 때문이다. 비전은 2층의 기단 위에 정면 측면 모두 3칸씩, 정사각형 모양의 정자 같은 건물이다. 남쪽으로 난 둥근 석조문, 만세문의 아치 꼭대기에는 주작이, 양 옆에는 해치가 내려다보고 있다. 만세문은 일본인이 떼어가서 자기 집 대문으로 쓰던 것을 찾아 되돌려 놓았다고 한다. 비전을

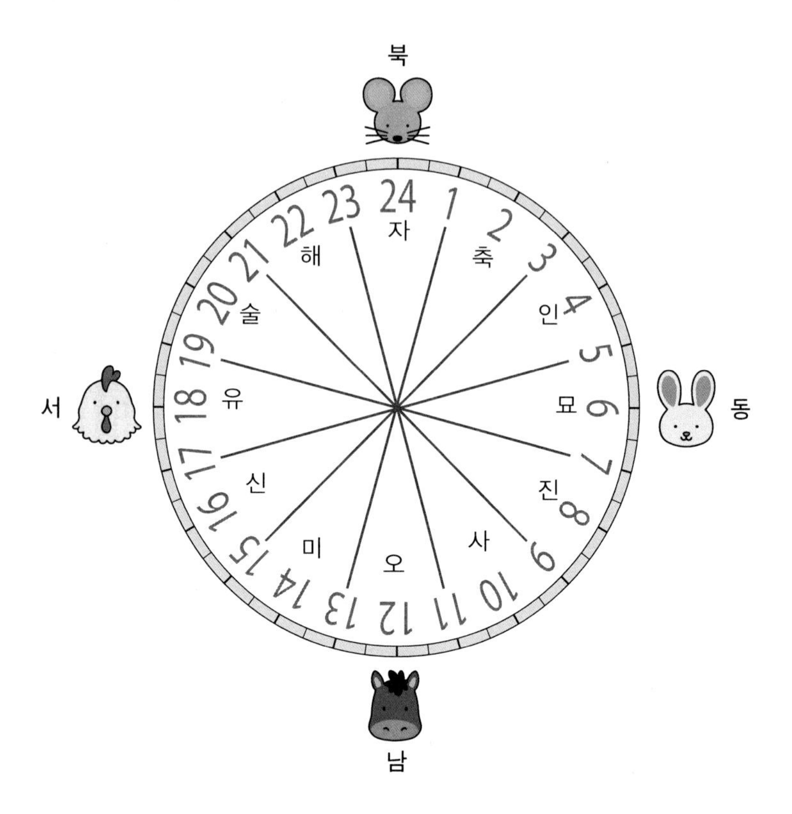

빙 둘러싼 난간에는 사신상, 십이지상, 해치들이 올라앉아 있는데, 한 바퀴 돌면서 동물의 모습을 찬찬히 살펴보는 것도 재미있는 일이다.

석물을 보면서 어떤 동물인지 맞추어 보자. 동물들이 방위에 따라 늘어서 비를 지키고 있다는 사실을 눈치챘다면 금새 알아볼 수 있다. 사신상은 사방을 지키는 신으로 동서남북을 청룡, 백호, 주작, 현무가 담당한다. 십이지상은 방위와 시간을 상징하는데, 십이지상마다의 방위를 쉽게 알려면 24시 시계를 생각해

보자. 시계에 24시간을 표시하고, 자시부터 '자축인묘진사오미신유술해'의 순서대로 시계방향으로 돌아가면서 표시하면 십이지 신상이 나타내는 방위를 알 수 있다. 그림에서 쥐가 나타내는 자시는 23시부터 1시까지이고 방위는 북쪽, 토끼가 나타내는 묘시는 5시부터 7시까지이고 방위는 동쪽, 말이 나타내는 오시는 11시부터 13시까지이고 방위는 남쪽, 닭이 나타내는 유시는 17시에서 19시까지이고 방위는 서쪽임을 알 수 있다.

비전의 평방과 창방에는 평면 무늬가, 그 아래에는 띠 무늬가 대칭을 이용해서 반복되고 있다.

그러니 남쪽 만세문 위에는 주작이, 기념비를 둘러싼 난간의 남쪽 중앙에는 말이 있어야 한다. 동쪽에는 보지 않아도 청룡과 토끼가 지키고 있을 테고 북쪽에는 현무와 쥐, 서쪽에는 백호와 닭이 있다(남과 북에는 해치도 있다).

주인공 기념비는 안쪽에 있어 잘 보이지 않으니 비전 건물에 눈이 간다. 겹처마와 연이은 공포가 화려하다. 공포 아래 수평으로 가로지르며 하중을 받치고

수학속으로 8 한 줄로 이어지는 띠 무늬는 7종류

비전에는 마치 파도처럼 넘실대는 녹색 띠 무늬가 아름답다. 이 무늬의 기본 모양, 단위 문양을 찾아보자. 어떤 대칭을 이용해서 띠 무늬를 완성한 걸까?

창방 아래 띠 무늬에서 단위 문양은 오른쪽 그림과 같다. 이 단위 문양이 좌우로 평행이동하면서 띠 무늬가 만들어졌다.

창방 아래의 띠무늬　　　단위 문양

기본 모양은 단위문양의 절반인데 어떻게 대칭이동시키면 단위 문양이 만들어질까? 먼저 기본 모양을 여러 가지로 대칭시켜 단위 문양을 만들어 보자.

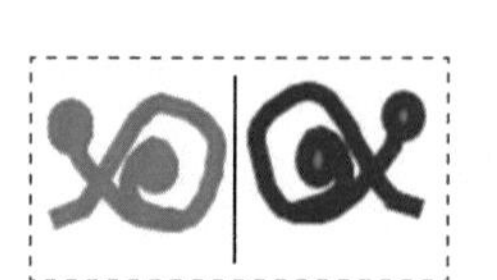

기본 모양을 수직반사하여 만든 단위 문양

기본 모양을 수평반사하여 만든 단위 문양

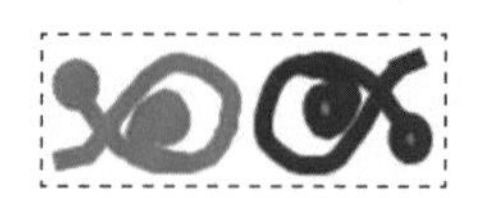

기본 모양을 180도 회전대칭하여 만든 단위 문양

기본 모양을 수직반사, 수평반사, 180도 회전시켜 만든 어떤 단위 문양도 비전의 것과 같지 않음을 확인할 수 있다.

그렇다면 단위 문양은 기본 모양을 어떻게 대칭이동하여 만들어진 것일까? 위의 여러 가지 경우를 비교해 보면 단위 문양의 오른쪽 부분은 기본 모양을 수평반사한 것과 모양이 같다. 따라서 수평반사한 후에 평행이동을 하여 단위 문양으로 삼았다고 볼 수 있다. 이런 대칭은 미끄럼반사라고 새로운 이름으로 부른다.

미끄럼반사는 수직반사, 수평반사, 180도 회전 어느 것과도 같지 않은 새로운 대칭이기 때문이다. 비전 건물의 띠 무늬는 미끄럼반사된 조각을 평행이동하여 한 줄로 만든 모양이다.

지금 살펴본 것과 같이, 기본 모양이 똑같더라도 수직반사, 수평반사, 180도 회전, 미끄럼반사 중 어떤 대칭을 이용하느냐에 따라 단위 문양이 달라져 새로운 모양의 띠 무늬가 만들어질 수 있다. 그렇다고 해서 무한정 많은 띠 무늬가 만들어지지는 않는다. 기본 모양이 똑같을 때 대칭을 이용하여 만들 수 있는 단위 문양은 오직 일곱 가지 뿐이라는 사실이 증명되어 있기 때문이다. 수학의 눈으로 볼 때 아래 문양은 수직 반사만 사용한 것으로 '구조'는 모두 같다.

수학속으로 9 사방팔방으로 펼쳐지는 평면 무늬

비전의 평방과 창방에는 동서남북에 여러가지 무늬가 있다. 꽃 모양도 있고 정육각형이 서로 얽힌 모양도 있다. 어느 무늬나 기본 모양에서 출발해서 단위 문양을 만들어 평행이동을 반복하며 평면을 채워 간다. 어떤 대칭을 이용해서 만든 무늬인지 분석해 보자.

평면 무늬는 사방팔방으로 반복된다. 비전의 동쪽, 창방의 무늬는 붉은 색, 파란 색, 녹색의 육각형이 서로 얽혀서 작은 육각별과 화살표로 만들어진 무늬처럼 보인다. 자세히 보면, 120도 회전대칭의 중심인 세 점을 이은 빨간 삼각형을 기본 모양으로 볼 수 있다. 기본 모양을 반사대칭시킨 파란 삼각형까지 합친 마름모가 단위 문양이다. 이 마름모를 반복적으로 평행이동하면 창방의 무늬가 만들어진다.

고종 40년 기념칭경비전의 동쪽 평방(위)과 창방(아래)의 무늬는 수학적으로 구조가 같다.

창방의 평면 무늬에는 띠 무늬와는 달리 120도 회전이동이 사용되었다. 평면을 채우는 무늬이기 때문인데, 이런 이유로 반사, 회전, 미끄럼반사, 평행이동 네 가지 대칭으로 만들어지는 평면 무늬는 그 구조가 17가지로 띠무늬 구조보다 많다.

위의 창방과 평방의 무늬는 달라 보이지만, 수학적으로는 구조가 같다. 모두 단위 문양이 마름모이면서 120도 회전대칭이 있고 이 회전대칭의 중심들이 모두 반사대칭축 위에 있어 그 구조가 같다.

있는 평방, 창방에도 화려한 무늬는 계속된다. 평방과 창방의 양쪽 가장자리쪽에도 사방으로 반복되는 꽃 문양이 있지만 가운데 부분의 반복되는 문양을 눈여겨 보자. 단위 문양이 규칙적으로 평면을 채우는 테셀레이션. 특히, 북쪽 창방의 육각형 구조인 연두색 꽃 문양과 파란 색 세갈래로 뻗은 문양은 선명한 색깔 덕분에 창방을 벗어나 무한히 뻗어나갈 듯한 기운을 내뿜는다. 그 아래 바다 같기도 하고 파도 같기도 한, 넘실대는 녹색의 띠 무늬가 창방의 평면 무늬를 실어나르는 듯하다.

한 바퀴 돌아 다시 만세문 앞에 오니, 만세문 아래쪽에 조선총독부가 설치한 도로원표가 보인다. 서울시는 1997년 지금의 자리, 동화면세점 옆 미관공원에 도로원표를 새로 설치하면서 일제시대 도로원표를 유물로 지정할지, 폐기처분할지를 놓고 고민했다고 한다. 일본식으로 제작되고 표기된 것이니 우리의 유물로는 자격이 없는데, 비전 안에 있어 난감하기는 하다.

만세문 아래쪽에 조선총독부에서 설치한 도로원표가 보인다.

칭경기념비전, 칭경이라는 낯선 말 때문에 기억하기가 어려웠다. '칭경'은 경사를 축하한다

는 말이다. 고종이 왕이 되고 황제가 된 40년을 기념하고 축하하는 의미이다. 고종 즉위가 1863년이니 비를 세운 때는 1902년이다. 고종은 을사조약을 승인하지 않고 1907년 헤이그에 밀사를 파견했던 일 때문에 일제에 의해 강제로 황제의 자리에서 물러나게 되었다. 결국 1910년 우리나라의 통치권을 '완전히, 영구히' 일본제국에 넘긴다는 이른바 '한일병합조약'이 조인된다. '한일병합조약'의 일부를 현대의 표현으로 읽어 보자.

한일병합조약

일본국 황제폐하 및 한국 황제폐하는 양국간에 특수하고도 친밀한 관계를 고려, 상호의 행복을 증진하며 동양 평화를 영구히 확보하고자 하며, 이 목적을 달성하기 위해 한국을 일본제국에 병합함이 선책이라고 확신, 이에 양국간에 병합조약을 체결하기로 결정하고, 이를 위해 일본국 황제폐하는 통감 자작 데라우치를, 한국 황제폐하는 내각총리대신 이완용을 각기의 전권위원으로 임명하였다. 그러므로 전권위원은 합동협의하고 다음의 제조를 협정하였다.

제1조 한국 황제폐하는 한국 정부에 관한 일체의 통치권을 완전, 또 영구히 일본 황제폐하에게 양여한다.

(중략)

제3조 일본국 황제폐하는 한국 황제폐하 · 황태자전하 및 그 후비와 후예로 하여금 각기의 지위에 적응하여 상당한 존칭 위엄 및 명예를 향유하게 하며, 또

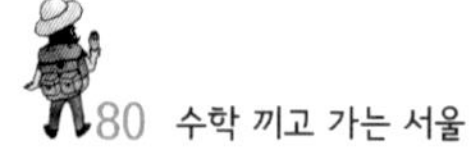

이것을 유지함에 충분한 세비를 공급할 것을 약속한다.

(하략)

대한제국이 멸망하는 상황에서 3조의 내용처럼 황실을 유지시켜준다는 게 무슨 의미일까. 이후 황실 사람들은 일본천황의 가족으로 편입되어 고종은 덕수궁 이태왕, 순종은 창덕궁 이왕, 고종의 아들들은 영친왕, 의친왕 등의 작위를 받지만, 일제에 끌려다니며 친일 연설을 하고 일본인과 강제로 혼인을 하는 등 멸망한 나라의 황족이 살아서 당하는 수모가 어떤 것인지 역사가 증언해 주고 있다. 그러니 비전의 편액을, 비문의 제목을 당시 황태자인 순종이 고종을 위해 썼다 해도 칭경기념비를 기억하지 못하는 것은 꼭 내 탓만은 아니다. 비문은 또 누가 썼는가. 친일반민족행위자로 이름을 남긴 민병석이다. 축하가 축하가 아니다.

광화문을

바라보며

비전 서쪽에 서서 광화문을 바라보면 이순신 장군의 동상이 백악과 인왕산을 배경으로 우뚝 서 있다. 근현대사의 현장에서 갑자기 조선 중기로 긴 시간을 뛰어넘으니 좀 얼떨떨하다. 나라를 빼앗긴 고종과 나라를 지킨 이순신 장군이 지척 거리에 있다는 사실이 아이러니하다. 세종로와 광화문으로 이어지는 여기, 근현대사의 현장에 어울리는 다른 인물은 없을까?

의병 활동을 했지만 양반에게 대들었다는 이유로 죽임을 당한 의병장은 어떨까? 집안의 노비 문서를 불태운 뒤 온 재산을 다 처분하여 신흥무관학교를 세우고 무장 독립 운동의 토대를 마련한 독립운동가는? 주권이 국민에게 있는 공화제를 내세우며 독립운동을 한 사람은? 일제강점기에는 계급, 신분, 빈부, 사상의 차이를 넘어선 항일 민족통일전선을 추구했고, 해방 이후에는 좌우합작, 남북연합의 길을 추구했던 사람은? 아니, 이런 사람은 어떨까? 이름은 남아 있지 않지만, 보통 사람들의 파괴된 삶을 되살리려 애쓰다 역사 속으로 스러져간 사람은.

다시 눈이 시리도록 파란 하늘을 배경으로, 이순신 동상을 바라본다. 소녀상은 곁에서 바라보지만 저렇게 높게 세운 동상은 적절한 거리만큼 떨어져 보아야 잘 보인다. 영화관에서 화면에 너무 가까이 앉으면 불편한 것과 같은 이치이다.

영화관 화면의 위와 아래 끝을 잇는 시선으로 만들어지는 각, 동상의 머리와

발끝을 잇는 시선으로 만들어지는 각을 시야각이라고 하는데, 동상 앞으로 가까이 다가가거나 지나치게 멀어지면 시야각은 점점 작아진다. 동상을 쳐다보는 시야각이 가장 커지는 지점은 동상과의 거리가 너무 가깝지도 않고 너무 멀지도 않은 특정한 지점이다. 그곳은 어떻게 찾을까? 이런 의문은 나 말고도 15세기, 독일의 수학자 레기오몬타누스가 품었다. 결론부터 말하자면 그 지점은 원과 삼각형에서의 각의 크기에 대한 기초적인 지식만으로 찾을 수 있다.

수학속으로 10 이순신 장군 동상은 어디에서 보면 가장 잘 보일까?

이순신 장군의 동상은 높은 기단 위에 있어서 가까이 가면 오히려 보기 힘들다. 적당한 거리를 두고 보아야 잘 보인다. 그렇다면 적당한 거리, 보기 좋은 위치는 어디일까? 수학을 이용해서 알아보자.

기단 위에 놓인 이순신 장군의 동상을 바라보는 상황을 간단히 그림으로 설정해 보자. 아래 그림에서 직선 l 위의 점 P는 사람의 눈이 머무는 위치, 점 A는 동상의 맨 아래, B는 동상의 맨 위라고 하자. 그렇다면 적당한 위치를 찾는 위 문제는 사람이 앞뒤로 움직일 때, 즉 점 P가 직선 l 위에서 움직일 때, 각 APB가 가장 클 때 점 P의 위치는 어디일까를 찾는 문제로 바뀐다.

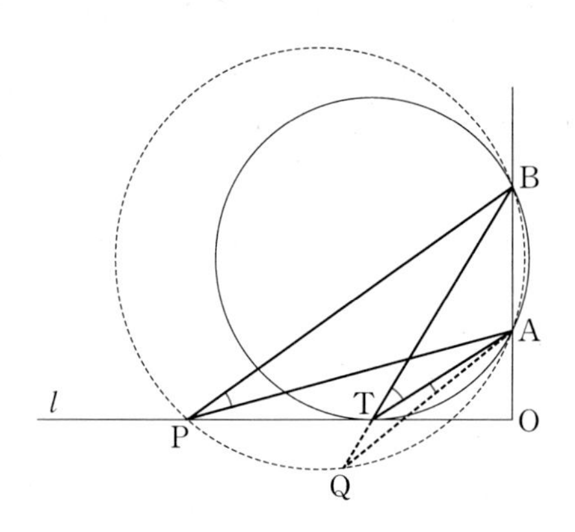

두 점 A, B를 지나면서 직선 l에 접하는 원을 그리고 그 접점을 T라고 하자. 세 점 A, B, P를 지나는 원은 오직 한 개인데, 각 APB는 각 AQB와 같고, 각 AQB는 각 ATB에서 각 QAT를 뺀 것과 같다. 그러므로 P가 어디에 있든 각 ATB는 항상 각

APB보다 크다. 다시 말하면, 시야각이 가장 클 때는 사람 눈 P가 접점 T에 있을 때이다.

그러면 그 지점은 어떻게 찾을까? 원 밖의 한 점 O에서 원에 그은 접선의 길이 OT의 제곱은 선분 OA, OB의 곱과 같다는 성질을 이용하면 된다.

이제, 눈높이가 150cm인 사람이 이순신 장군의 동상을 보는 최적의 위치를 계산해보자. 기단 10.5m, 동상 6.5m에서 사람의 눈높이 1.5m를 빼면 $OA=9$m, $OB=15.5$m이므로 선분 OT 길이의 제곱은 $9\times15.5 \fallingdotseq 140$m이므로 선분 OT의 길이는 12m보다 약간 작다. 따라서 동상의 아래 지점 O로부터 12m 정도 떨어진 곳에서 보면 이순신 장군이 가장 잘 보인다.

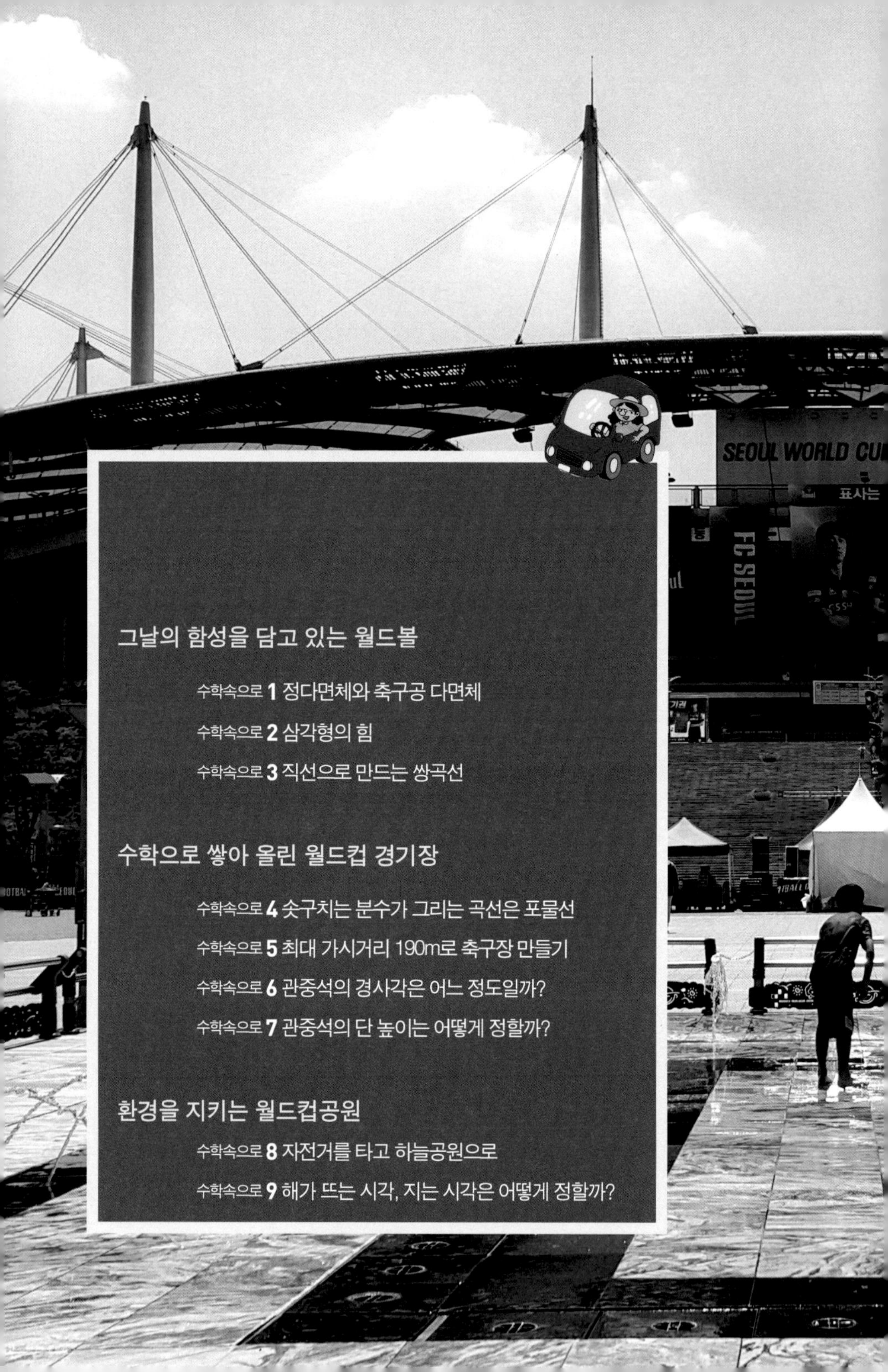

그날의 함성을 담고 있는 월드볼

수학속으로 **1** 정다면체와 축구공 다면체

수학속으로 **2** 삼각형의 힘

수학속으로 **3** 직선으로 만드는 쌍곡선

수학으로 쌓아 올린 월드컵 경기장

수학속으로 **4** 솟구치는 분수가 그리는 곡선은 포물선

수학속으로 **5** 최대 가시거리 190m로 축구장 만들기

수학속으로 **6** 관중석의 경사각은 어느 정도일까?

수학속으로 **7** 관중석의 단 높이는 어떻게 정할까?

환경을 지키는 월드컵공원

수학속으로 **8** 자전거를 타고 하늘공원으로

수학속으로 **9** 해가 뜨는 시각, 지는 시각은 어떻게 정할까?

월드컵공원

2002년. 우리나라에서 월드컵이 열리던 그때, 사람들은 너나없이 경기장으로 달려갔다. 그리고 그보다 훨씬 더 많은 사람들이 시청광장이나 동네 넓은 가게의 대형 스크린 아래 모여 함께 응원했다. 어느새 10년도 훨씬 더 지난 이야기가 되어 버렸지만 붉은 악마 T-셔츠에 붉은 악마 뿔을 머리에 달고 응원하던 열기는 아직도 생생하다. 오늘은 2002년 한일월드컵 4강전(대한민국 vs 독일)이 열렸던 바로 그곳, 서울 월드컵경기장으로 가 보자.

서울월드컵경기장은 월드컵공원 안에 있다. 월드컵공원은 여러 개의 작은 공원을 거느리고 있는데, 평화의 공원, 하늘공원, 노을공원, 난지천공원, 난지한강공원들이 바로 그것이다. 월드컵경기장은 평화의 공원 바로 옆에 있는데, 이곳은 난지도라는 섬이 있던 곳이다. 모래내, 홍제천, 불광천 등 세 개의 하천이 흘러 내려와 물머리를 맞대는 곳이라 아주 오래전부터 모래가 쌓여 섬을 이루었다. 16세기, 겸재 정선이 이 아름다운 풍광을 〈금성평사〉라는 그림에 담아 두었다. 그림 왼쪽, 강 건너 금성산 앞에 모래섬 여러 개가 보인다.

그러던 것이 언젠가 하나로 합쳐졌고, 1973년부터 15년 동안 서울에서 생기는 거의 모든 쓰레기를 매립하면서 아름다운 섬은 높이 90여 미터에 달하는 쓰레기 산 두 개로 바뀌었다. 쓰레기 산

위에 막을 씌우고 흙을 덮어 하늘공원과 노을공원이라고 이름 붙이고, 거기서 나오는 가스는 연료로 사용하고 있다. 엄청난 양의 매립 쓰레기가 안정되려면 아직 갈 길이 멀다고 하지만 그래도 억새풀이 바람에 눕는 아름다운 자연으로 돌아온 셈이다. 황포돛배가 떠다니는 한강을 굽어보는 난지도.

그래서일까, 서울월드컵경기장은 우리 전통 이미지를 차용하여 지었다고 한다. 황포돛배를 상징하는 기둥, 하늘 높이 날아오르는 방패연을 본뜬 지붕, 소박한 밥상이 떠오르는 소반 모양의 원형 기단. 2002년 한일 월드컵경기를 위해 지은 월드컵경기장은 지금은 FC서울의 홈 경기장이다. 이런 대형 건축물을 지을 때는 첨단 과학, 수학의 원리가 곳곳에 구현되기 때문에 건물 자체를 견학 오는 사람들도 많다고 한다.

경기장 안에 들어가서 월드컵기념관도 돌아보고, 관중석에 앉아 축구 경기의 함성 소리도 상상하고, 바닥부터 지붕까지 어떤 수학 원리가 숨어 있는지도 살펴보자. 그리고 월드컵공원 전시관에서 쓰레기 매립과 재활용에 대해서도 알아보자.

1936년 경성의 행정구역이 확장된 이후 경성부의 모습을 그린 서울지도.

겸재 정선 〈금성평사〉.

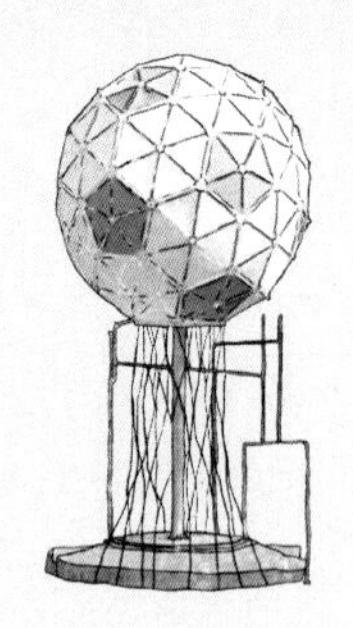

1 노을공원

놀이터, 누에 생태체험장, 도시농부 정원 등과 함께 캠핑장이 조성되어 있다. 캠핑을 하지 않아도 낮은 산 같은 느낌의 풀밭을 거닐고 원두막에서 낮잠을 자도 좋다.

2 하늘공원

넓은 들판에 다양한 조형물과 널찍널찍 구획되어진 풀밭, 아기자기한 꽃밭들이 있다. 그 사이로 난 흙길을 걸어 보자. 붉은 노을을 배경으로 억새가 흔들리는 풍경이 장관이다.

3 평화의 공원

월드컵공원을 대표하는 공원. 난지연못 주변의 잘 정돈된 현대식 공간과 버들가지가 늘어진 작은 개울, 정원처럼 꾸며진 공간이 함께 있는 곳이다.

4 월드컵공원 전시관 – 난지도이야기

평화의 공원 한쪽에 자리 잡은 2층 전시관. 쓰레기 섬에서 친환경 생태공원으로 거듭난 난지도 월드컵공원의 이야기를 들려준다.

5 서울에너지드림센터

에너지 자립형 건물. 쏟아져 내릴 듯 생긴 피라미드꼴 유리벽 건물이 위기를 맞은 지구를 상징하는 걸까. 지구를 오염과 위험으로부터 지키려면 에너지 문제를 어떻게 해결해야 할지 알아보자.

6 별자리광장

평화의 공원 안에 있는 천상열차분야지도를 바닥에 새겨 놓은 광장이다. 바닥분수와 같이 있어 여름이면 시원한 물줄기도 즐길 수 있다.

7 월드볼

축구공을 상징하는 거대한 조형물로 상암 사거리 한복판을 바라보는 곳에 서 있다.

8 서울월드컵경기장

2002년 월드컵 경기를 위해 지어진 경기장. 축구 전용 경기장답게 필드와 관중석이 가까워 코앞에서 경기를 지켜볼 수 있다.

1
2
3
4
5
6
7
8

월드볼

2002년 한일 월드컵 경기를 기념하여 서울시청광장에 설치했던 조형물이다. 축구공 모양과 비슷해 보이는 이 조형물의 정체는 무엇일까?

서울월드컵경기장

2002년 월드컵 경기를 위해 지어진 경기장. 축구 전용 경기장답게 필드와 관중석이 가까워 코앞에서 경기를 지켜볼 수 있다. 잔디를 위해서는 햇빛이 들게, 관중을 위해서는 햇빛을 최대한 가리도록 지붕을 설계했다. 여기에는 어떤 원리가 숨어 있을까?

월드컵공원전시관
난지도 이야기

쓰레기섬 난지도, 이제는 이름처럼 꽃향기 가득한 섬으로 다시 태어났다. 쓰레기를 매립하던 섬이 생태공원으로 바뀌는 과정, 그 후의 생물 종 현황까지 조형물과 패널을 통해 설명한다.

서울에너지드림센터

석탄부터 시작해서 신재생에너지까지 에너지 변천사를 살펴보자. 후손들에게 이상기후로 황폐해진 지구를 후손들에게 물려 주지 않으려면 어떻게 해야 할까?

평화의 공원

평화의 공원은 말 그대로 평화롭다. 나무와 잔디와 정성스런 돌봄을 받는 온갖 식물들, 그리고 난지연못의 수생 식물과 시원한 분수까지.
별자리광장에서 별자리도 찾아보자.

하늘공원, 노을공원

쓰레기 산이라는 생각이 전혀 들지 않는 하늘공원, 노을공원에 올라 한강을 내려다보며 우리가 사용하는 에너지에 대해 생각해 보자.

그 날의 함성을 담고 있는 월드볼

2002년 월드컵 상징물인

월드볼은 축구공

6호선 월드컵경기장역(성산) 2번 출구로 나오자 반원형 계단이 팔을 활짝 벌리고 반갑게 맞아준다. 계단 위로 금방이라도 날아오를 방패연 같기도 하고 둥둥 떠내려갈 돛단배 같기도 한 월드컵경기장이 보인다. 에스컬레이터에 올라타자 정갈한 느낌의 월드컵공원이 모습을 드러낸다.

햇빛 가득한 녹음 사이로 자전거를 타고 서로 쫓는 아이들이 흥겹다. 서울 둘레길로 사라지는 아이들이 마치 토끼굴로 사라진 이상한 나라의 엘리스 같은 느낌을 주는 건 반짝이는 햇빛 때문이다. 눈부시게 밝은 햇빛과 서늘한 그늘의 대비가 빚어내는 신비로움을 따라 숲속 흙길을 걷고 싶다. 하지만 마음을 다스리며 보도블록으로 나선다. 큰 나무 아래 벤치마다 사람들이 앉아 있다. 책을

2002년 월드컵 당시 시청광장에 설치되어 있던 월드볼. [출처 | 한국관광공사]

읽거나 휴대폰을 보는 사람, 몸을 의자에 맡기고 쉬고 있는 사람. 그래, 여긴 앉아만 있어도 좋은 곳이구나. 별들의 일주운동처럼 빙글빙글 바쁘게 돌아가는 생활에서 빠져나와 가끔은 저렇게 그냥 앉아 있을 때가 있어야지. 한 번씩 눈길을 주며 걷다 보니 연두색 철책이 눈에 띈다. '못 보던 울타리네'라는 생각을 하니 벌써 오년 전의 일이다. 그때는 여기가 광장처럼 넓은 곳이었는데, 지금은 여러 개의 풋살경기장이 있고 유니폼을 갖춰 입은 아이들이 올망졸망 뛰고 있다. 울타리 밖에는 아이를 데리고 온 부모들. 그 너머로 나무들 사이로 희끗희끗 축구공인 듯 아닌 듯 둥근 조형물이 보인다. 예전에는 넓은 광장의 주인공이

월드컵공원 북쪽광장으로 옮겨진 월드볼.

었는데 지금은 풋살경기장 너머로 나무에 반쯤 가려진 채 서 있다. 약간은 애틋한 마음에 아이들에게서 시선을 거두고 모퉁이를 돌아선다.

모퉁이를 돌자 풋살경기장 구석에 처박힌 모양일지도 모른다는 걱정이 무색하게 상암 사거리 넓은 도로를 바라보며 당당하게 서 있는 월드볼이 나타난다. 축구공 같은 대형 구조물이 지지대 위에 얹혀 있는데, 2002년 한일 월드컵 경기 기간에 서울시청 광장에 설치했던 것을 경기가 끝난 후 지금 자리로 옮겼다고 한다. 월드컵 기념 조형물이니 당연히 축구공이겠거니 했는데, 가만히 보니 모든 면이 삼각형이다. 축구공이 아닌가? 어쨌든 이름은 월드볼이란다.

월드볼,
축구공인 듯 아닌 듯

많은 사람들이 축구공은 왜 오각형과 육각형으로 만들어졌을까 궁금해한다. 한번 생각해 보자. 가죽 한 장을 손에 들고 공 모양으로 만든다고. 일단 가위를 들고 어떻게 오려야 할까? 가죽을 사각형 모양으로 잘라 붙이면 겹치는 부분이 생기면서 매끈한 공은 만들어지지 않는다. 원 모양으로 잘라봐도 마찬가지이다. 잠시 생각을 바꿔 공을 귤이라고 생각해 보자. 귤 껍질을 공의 가죽이라고 생각하고 잘 까서 펼친 다음 다시 둥글게 붙이면 공을 만들 수 있지 않을까? 그러나 귤 껍질을 벗겨본 사람은 누구나 알고 있다. 아무리 잘 벗겨도 편평하게 펼칠 수 없다는 사실을. 가죽을 여러 조각으로 잘라 이어붙이고 바람을 넣어 구

모양을 만드는 수밖에 없다. 그렇다면 어떤 모양으로 잘라서 몇 개의 조각을 이어붙이는 것이 가장 좋은지 고민해야 한다. 이때 수학이 필요하다.

축구공은 수도 없이 걷어차이며 강한 압력을 견뎌야 한다. 그래서 튼튼한 구조를 만들려면 어느 다각형을 이어붙이든 공의 중심에 대해 대칭이어야 한다. 또한 프리킥이나 세트피스에서 보듯 공은 날아가면서 휘어진다. 그 회전은 공의 어느 위치를 차느냐에 따라 결정되기 때문에 다각형 모양의 가죽을 잇는 솔기는 공 표면에 균등하게 분포되어야 한다. 이런 조건을 만족하는 다면체 중에서 구에 가까운 다면체는 정오각형 12개와 정육각형 20개로 이루어진 깎은 정이십면체이다. 깎은 정이십면체는 정오각형을 정육각형이 둘러싼 모양이다. 이 모양은 정이십면체의 12개의 꼭짓점 부근을 잘라낸 모양인데, 그 덕분에 깎은 정이십면체는 축구공 다면체라는 별명으로도 불린다. 가죽을 정오각형, 정육각형으로 잘라 이어붙인 후 바람을 팽팽하게 넣은 것, 그것이 바로 축구공이다. 겉면에 멋있게 로고를 새기거나 색깔을 다양하게 입히거나 공 안에 IT칩을 넣거나, 가끔은 32조각이 아닌 변형된 모양으로 이어붙이기도 하지만, 축구공의 모양은 이런 원리로 결정되었다.

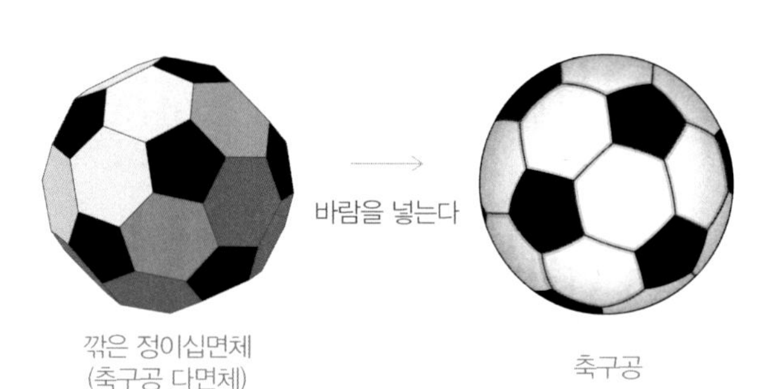

깎은 정이십면체
(축구공 다면체)

축구공

그런데 월드볼을 올려다보면 모든 면이 삼각형이라 축구공 모양으로 보이지 않는다. 월드컵을 기념하는 조형물을 왜 축구공 모양으로 만들지 않았을까, 의구심이 든다. 저 모양은 모든 면을 삼각형으로 해서 구처럼 둥글게 만든 다면체인 지오데식 돔처럼 보인다.

수학속으로 1 정다면체와 축구공 다면체

축구공 다면체는 깎은 정이십면체이고 깎은 정이십면체는 준정다면체의 한 종류이다. 정다면체, 준정다면체에 대하여 알아보고 깎은 정이십면체는 정이십면체와 어떻게 다른지 알아보자.

정다면체는 한 가지 정다각형으로 이루어진, 한 꼭짓점에 모이는 정다각형의 개수가 똑같은 다면체이다. 주사위로도 종종 사용하는데, 다면체의 중심에 대해서 대칭이므로 모든 면이 나올 확률이 같기 때문이다. 정다면체는 오직 다섯 종류가 있다는 것이 밝혀져 있다. 한 꼭짓점마다 정삼각형이 3개씩 모인 정사면체, 4개씩 모인 정팔면체, 5개씩 모인 정이십면체, 한 꼭짓점마다 정사각형이 3개씩 모인 정육면체, 한 꼭짓점마다 정오각형이 3개씩 모여 있는 정십이면체가 바로 그것이다.

고대 그리스 사람들이 물질을 이루는 4원소라고 생각한 물, 불, 공기, 흙에 플라톤이 기하학적 모양을 부여하여, 플라톤의 다면체라고 부르기도 한다. 플라톤은 불을 정사면체, 흙은 정육면체, 공기는 정팔면체, 물은 정이십면체에 대응시켰다. 천구들의 움직임에 의해 4원소가 뒤섞여 물질을 이루었다는 아리스토텔레스의 4원소설은 근대에 원자론이 인정받을 때까지 많은 영향을 미쳤다.

정다면체는 한 가지 정다각형으로 이루어진 반면, 준정다면체는 두 가지 이상의 정다각형으로 이루어진 다면체이다. 모두 13가지뿐이라는 사실이 밝혀졌는데 그 중 몇 개는 정다면체를 깎아내는 방법으로 만들 수 있다. 축구공 다면체인 깎은 정

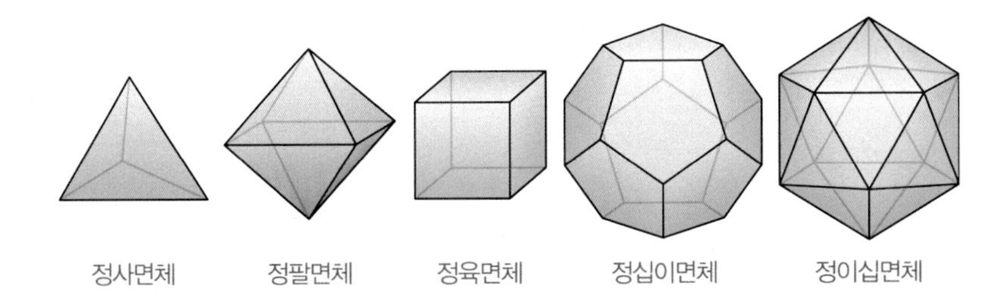

이십면체를 정이십면체로부터 만드는 방법은 다음과 같다.

먼저 정이십면체의 모든 모서리에 삼등분점을 표시한다. 정이십면체의 꼭짓점은 12개인데, 꼭짓점마다 아래 그림과 같이 5개의 삼등분점을 이어서 만들어진 오각뿔 모양을 깎아 내면 단면은 정오각형이 된다. 이제 정이십면체의 표면은 정오각형 12개와 정육각형 20개가 되었다. 이것이 깎은 정이십면체이다.

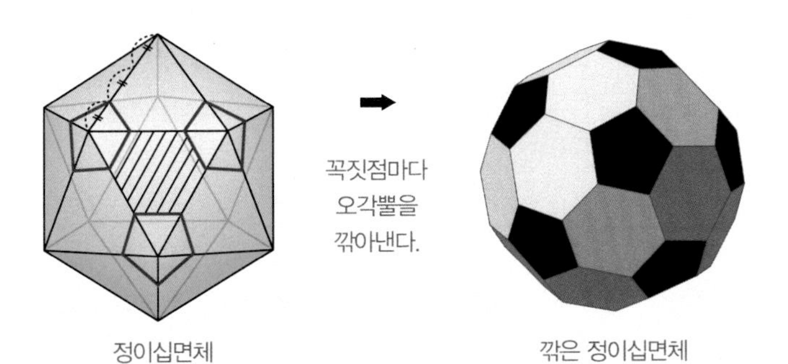

정이십면체의 모든 꼭짓점에서 모서리의 삼등분점을 잇는 오각형 모양으로 꼭짓점 쪽을 깎아 버리면 그 단면은 정오각형이 되어 면의 모양이 정오각형과 정육각형으로 바뀐다. 이것이 깎은 정이십면체이다.

지오데식 돔은 기둥 없이 넓은 공간을 만들려던 고민 덕분에 탄생했다. 최초의 지오데식 돔은 1922년 독일의 기술자, 발터 바우어스펠트가 설계한 칼 자이스 천체투영관으로 알려져 있다. 지금도 돔 모양의 스크린이 있는 천문관이나 운동시설처럼 넓은 공간이 필요한 건물을 지을 때는 지오데식 돔으로 짓는 경우가 많다. 표면이 삼각형으로 이루어진 트러스 구조라서 따로 기둥을 설치하지 않아도 형태가 변하지 않고 튼튼하게 유지되기 때문이다.

지오데식 돔도 깎은 정이십면체와 마찬가지로 정이십면체를 이용해서 만들 수 있다. 정이십면체의 각 모서리의 중점을 서로 이어 면 한 개를 4개의 삼각형으로 나눈다. 그러면 새로 생긴 꼭짓점 3개는 외접구 위에 있지 않게 된다. 이것을 살짝 바깥쪽으로 밀어 올려 외접구 위에 올려놓자. 정이십면체의 모든 면에서 이런

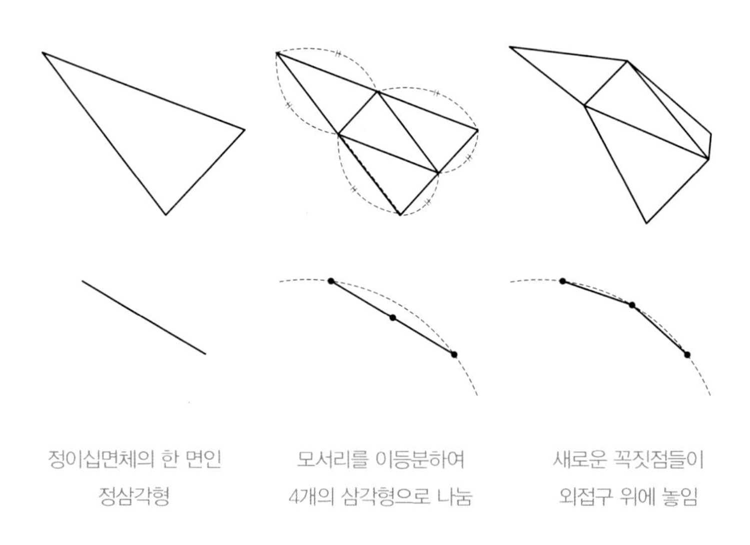

정이십면체의 한 면인 정삼각형 / 모서리를 이등분하여 4개의 삼각형으로 나눔 / 새로운 꼭짓점들이 외접구 위에 놓임

일이 벌어지면 면이 20개에서 80개로 늘어나면서 다면체는 구에 딱 맞게 된다.

이것이 바로 정이십면체에서 출발해서 만들어진 지오데식 돔이다. 아래 그림에서 회색 부분은 정이십면체의 한 면이 4개의 삼각형으로 바뀌는 것을 보여준다. 이 과정은 계속 반복할 수 있으며 반복할수록 점점 구에 가까운, 둥근 모양의 지오데식 돔이 된다. 지오데식 돔은 간단히 말하면, 삼각형 모양으로 만들어진 구에 가까운 다면체라고 할 수 있다.

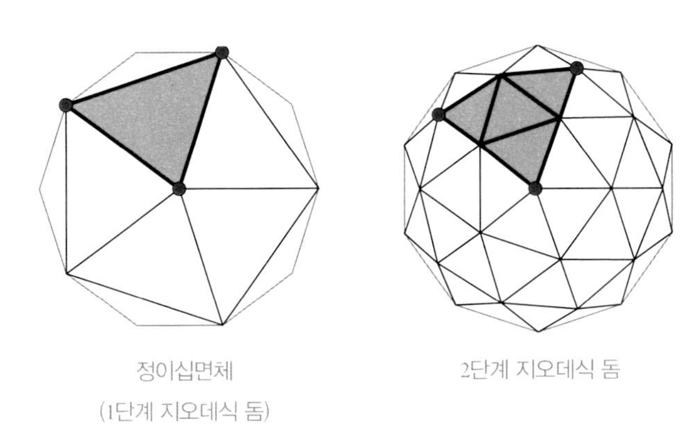

정이십면체
(1단계 지오데식 돔)

2단계 지오데식 돔

그렇다면 공원의 월드볼은 지오데식 돔일까? 자세히 들여다 보자. 회색인 삼각형은 5개씩 모여 있고 흰색 삼각형들 또는 흰색과 회색이 어우러진 삼각형들은 6개씩 모여 있다. 여기서 언뜻 머리를 스치는 생각, 삼각형이 5개 모인 것은 오각형, 삼각형이 6개 모인 것은 육각형으로 보면 어떨까. 그러면 월드볼은 축구공 다면체처럼 오각형과 육각형을 기반으로 만들어졌다고 볼 수 있지 않을

오각형, 육각형을 이어붙인 축구공 모양의 월드볼. 굵은 철골 파이프로 만든 오각형, 육각형 안에 가는 와이어로 삼각형 구조를 넣어 튼튼하게 하였다.

까. 바로 축구공 다면체 말이다. 실마리는 찾았지만 뭔가 미진하다. 정확한 내용을 알고 싶어 여기 저기 뒤지던 중 월드볼을 설계한 건축가 함인선이 쓴 책을 발견했다. 『건축가 함인선, 사이를 찾아서 : 지금 건축은 무엇을 해야 하는가?』에서 아래와 같이 월드볼의 정체를 밝혔다.

지오데식 돔으로 하면 아주 쉽다. 이미 기성품 모듈이 있으니 짜 맞추고 거죽만 축구공 패턴을 입히면 될 터였다. 그러나 그것은 명색이 구조건축가인 내가 할 짓이 못된다고 생각했다. 축구공의 기하학인 깎은 정이십면체의 기하학이 바로 구조이자 형태이어야 했다. 이렇게 마음먹고 보니 세계 최초의 난공사였다. 잘디잔 지오데식 부재와는 달리 엄청난 철골 파이프들을 공중에서, 그것도 수평,

수직 이음매가 단 한군데도 없이 조립해야 하는 것이었다. 더욱이 예산은 2억 남짓, 공사 기간은 2.5개월 정도였다. 축구공은 공기압에 의해 표면에 인장력이 생기지만 이 구조물은 압축력을 받기 때문에 오각형 육각형이 찌그러지려 한다. 이 문제도 난관이었다. 와이어로 오각형, 육각형을 삼각형으로 분해시키고 가운데를 볼록하게 만들어 구에 더 가까운 표면이 되도록 했다.

2002년, 서울시 의뢰로 월드컵을 기념하는 축구공 구조물을 설치하기로 했다. 지오데식 돔으로 만들면 정해진 길이의 뼈대를 삼각형 모양으로 연결만 하면 되지만 축구공 모양을 만들기 위해 축구공 다면체를 이루는 뼈대인 정오각형, 정육각형을 공중에서 조립하는 어려운 길을 택했단다. 그런데 정오각형, 정육각형으로 조립해 놓으면 강한 압축력 때문에 찌그러질 가능성이 높다. 의심스러우면 빨대로 정오각형을 만들어 보라. 손으로 살짝 누르면 길이는 그대로지만 모양이 바뀌는 것을 확인할 수 있을 것이다. 그런 이유로 오각형, 육각형에 와이어를 넣어 삼각형 모양의 트러스 구조를 만들고 공에 바람을 넣듯이 바깥쪽으로 밀어올려 구에 가까운 모양이 되도록 했다는 것이다. 월드볼의 모양이 2단계 지오데식 돔처럼 보이는 이유다.

월드볼을 다시 자세히 보니 오각형, 육각형 뼈대는 철골 파이프이고 삼각형으로 나눈 뼈대는 가는 와이어로 되어 있는 것이 보인다. 언뜻 보면 삼각형만 눈에 보여 지오데식 돔같지만 알고 보면 축구공 모양으로 만들었다는 사실은 아는 사람 눈에만 보인다.

수학속으로 2 삼각형의 힘

월드볼 속에도 삼각형 구조가 있고 월드컵경기장의 지붕에도 삼각형 구조가 보인다. 건축에 삼각형 구조가 많이 쓰이는 이유는 뭘까?

사진 속 학교의 교문을 자세히 보자. 옆으로 밀면 접히면서 열리는, 일명 자바라 문이다. 밀면 접히고 당기면 쭉 끌려 나오는 자바라 문의 비밀은 마름모에 있다. 파이프를 마름모 모양으로 결합시킬 때 꼭짓점 부분을 움직일 수 있게 만들면 파이프 자체는 그대로지만 마름모의 모양은 바뀔 수 있다. 밀면 세로로 긴 마름모가 되고, 당기면 가로로 긴 마름모가 된다. 변의 길이가 정해져 있어도 사각형은 모양이 바뀔 수 있다. 오각형, 육각형도 마찬가지이다.

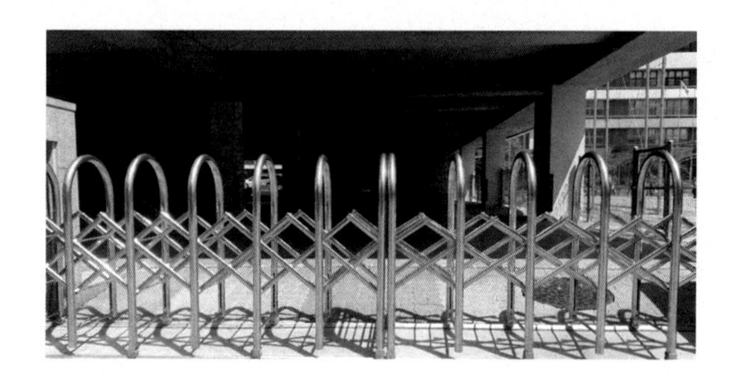

월드볼을 오각형, 육각형으로 만들었을 때 심한 압력이 가해지면 파이프는 멀쩡해도 모양은 찌그러질 수 있어서 삼각형 모양으로 와이어를 넣었다는데, 삼각형은 찌그러지지 않을까?

결론부터 말하면, 길이가 정해져 있는 삼각형은 모양이 바뀌지 않는다. 단 한 가지 모양만 가능하다는 말이다. 이것을 삼각형의 결정조건이라고 한다. 세 변의 길이가 30cm인 삼각형은 이 세상에 딱 하나뿐이고, 길이가 30cm, 35cm, 40cm인 삼각형도 이 세상에 딱 하나뿐이다. 모양이 딱 하나뿐이므로 파이프로 만들었을 때 부러지지 않는 한 모양은 바뀔 수 없다. 그러나 네 변의 길이가 30cm인 마름모의 모양은 무수히 많으므로 파이프로 만들어 밀거나 당기면 모양이 바뀌는 것이다.

세 변의 길이가 정해지면 삼각형의 모양은 단 하나라는 원리 때문에 가볍고 튼튼한 구조가 필요한 곳에는 삼각형이 빠지지 않고 등장한다. 파이프를 삼각형 모양으로 이어붙인 트러스 구조는 체육관, 공항, 지하철역, 가설무대뿐만 아니라 다리에서도 볼 수 있다. 가장 간단한 도형, 삼각형의 위대한 힘이다.

트러스 구조 다리(왼쪽 사진)와 트러스 구조로 만든 가설무대(오른쪽 사진).

똑바른 듯 비틀린
쌍곡면 와이어

월드볼을 쳐다보느라 애쓴 목과 어깨를 들썩이며 풀어 준다. 월드컵 기념 구조물의 비밀을 파헤치고 나니 이제 월드볼을 받치고 있는 기둥과 기단에 눈을 돌릴 여유가 생긴다. 기둥 아래 기단에는 기둥과 월드볼을 3분에 두 바퀴 회전시킬 수 있는 모터를 넣어 설계했다고 한다. 아쉽게도 회전하는 광경을 보지는 못했지만 지름 13 m의 월드볼이 돌아가려면 꽤나 큰 동력이 필요하지 싶다. 굵직한 원기둥 모양의 지지대를 감싸고 있는 와이어들은 둥근 곡면을 이루고 있는데 자세히 봤더니 놀랍게도 직선들이다.

지름 13 m의 월드볼은 매우 무겁다. 원기둥 모양의 파이프가 무게를 지탱하지만 옆에서 불어오는 바람이나 충격에 대비하기 위하여 기둥을 와이어로 둘렀다고 한다. 원기둥 모양의 파이프를 직선 모양의 와이어로 어떻게 둘러싸면 튼튼한 곡면 구조물을 만들 수 있을까? 그 답을 알려면 선입견을 깨야 한다. 곡면은 곡선으로 이루어진다는 선입견!

곡면인 구에는 아무리 똑바로 그려도 직선이 그려지지 않는다. 도넛 모양의 곡면에도 직선은 그려지지 않는다. 곡면과 직선은 관계가 없을 것 같지만 직선을 포함하는 곡면도 있다. 그림에서 볼 수 있듯이 원기둥이나 원뿔의 곡면은 직선을 포함하고 있다 .

뫼비우스 띠는 앞뒤가 없는 신기한 곡면으로 알려져 있는데, 마찬가지로 직

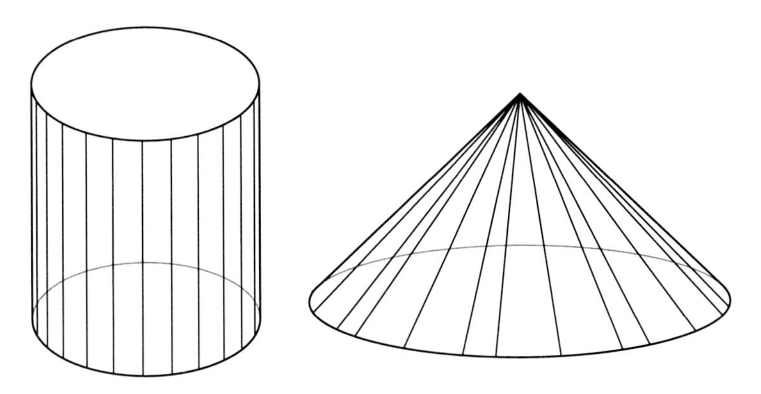

원기둥의 옆면에는 두 밑면에 수직인 직선들이 포함되어 있고, 원뿔의 옆면에는 꼭짓점과 밑면을 이은 직선들이 포함되어 있다.

선으로 만들어진 곡면이다. 뫼비우스 띠의 어디에 직선이 들어 있을까? 다음과 같이 긴 띠 모양의 김발을 생각해 보자. 이 직선 다발의 양쪽을 잡고 한 번 비틀어 이으면 뫼비우스 띠가 된다. 즉, 띠의 경계에 수직인 직선이 한 바퀴 돌면서 만든 흔적이 뫼비우스 띠이다.

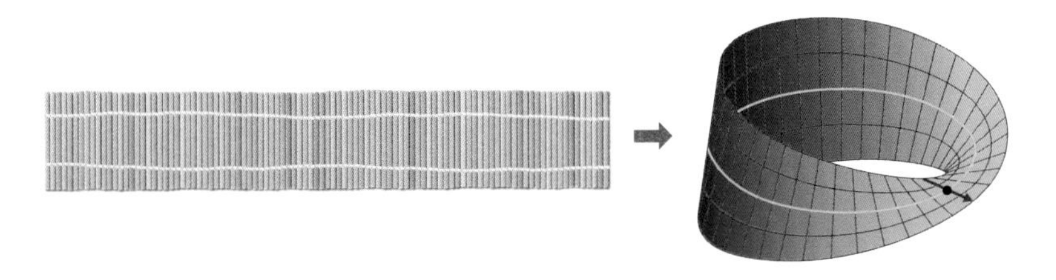

김발 모양의 긴 띠로 뫼비우스의 띠를 만든다고 생각하면 이 띠의 경계에 수직인 직선들이 띠에 포함되어 있음을 상상할 수 있다.

자, 김발을 계속 사용해 보자. 기다란 김발을 회오리 감자처럼 감아올렸을 때 만들어지는 곡면을 헬리코이드라고 한다. 마찬가지로 김발 속 직선들이 헬리코이드 곡면에 그림과 같이 포함되어 있는 것을 알 수 있다. 헬리코이드는 오래전부터 사용되었는데 물을 끌어올리는 아르키메데스의 나선양수기스크루의 안쪽 나선이 바로 그것이다. 수학의 원리는 변함이 없어 수천 년이 지난 지금도 쓰인다. 좁은 곳에 설치된 계단이나 빙글빙글 돌아 들어가는 주차장 진입로에도 헬리코이드가 숨어 있다.

직선을 품고 있는 헬리코이드. 빙글빙글 돌아 들어가는 주차장 진입로와 비슷한 헬리코이드는 계단에도 많이 쓰인다.

다시 월드볼을 받치고 있는 기둥으로 돌아오자. 기둥을 둘러싼 와이어를 하나하나 자세히 보면 모두 직선이다. 와이어를 비스듬하게 꽂아둔 모양인데, 마

치 국수를 삶을 때, 냄비에 한 바퀴 돌리면서 담은 모양 같다. 앞에서 보는 국수의 윤곽은 놀랍게도 쌍곡선이다. 그래서 이 곡면의 이름은 쌍곡면. 월드볼 아래 지지대 역할을 하는 와이어가 보여주는 곡면도 쌍곡면이다. 쌍곡선을 회전시키면 만들어지는 쌍곡면. 직선 모양의 와이어로 곡면을 만들어 기둥을 둘러싸는 아이디어를 여기에서 발견하다니!

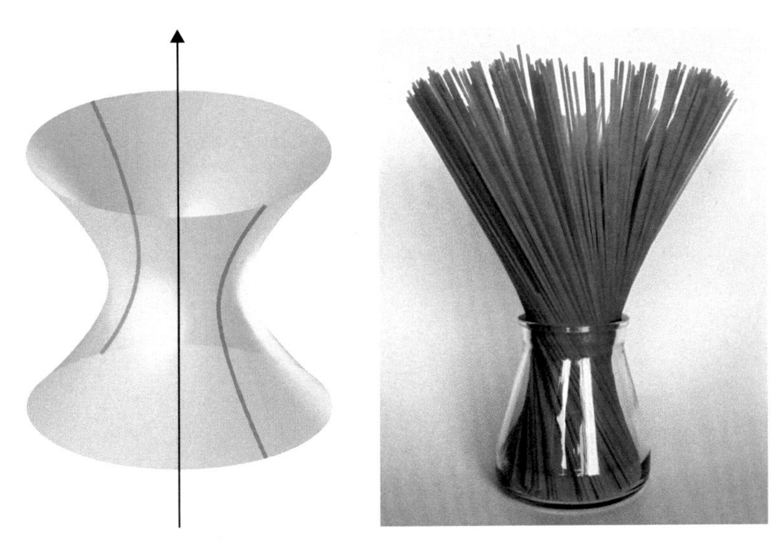

쌍곡선을 축을 중심으로 회전시켜 생긴 쌍곡면(왼쪽 그림). 국수를 그릇에 한 바퀴 돌리면서 담은 모양은 쌍곡면이다(오른쪽 사진).

직선을 포함하는 곡면은 건축에서 자주 볼 수 있다. 주로 지붕에 많이 쓰이는데 말안장이나 감자칩처럼 오목하면서도 볼록한 곡면도 있다. 먼저 직선으로 포물선을 만드는 과정을 살펴보자.

수학속으로 3 직선으로 만드는 쌍곡선

월드볼 기둥을 감싸고 있는 와이어들은 쌍곡면을 만들고 있는데, 와이어 하나하나는 직선이다. 직선을 이용하여 쌍곡면을 만드는 또 다른 방법을 알아보자.

직선 모양의 재료로 쌍곡면을 만드는 또 다른 쉬운 방법이 있다. 원판 2개에 원기둥 모양으로 여러 개의 고무줄을 묶고 원판을 돌리면 고무줄이 늘어나면서 원기둥 가운데 부분이 오목해진다. 이때 보이는 윤곽이 바로 쌍곡면이다. 물론 고무줄은 팽팽하게 직선 모양을 유지한 채 돌려야 한다.

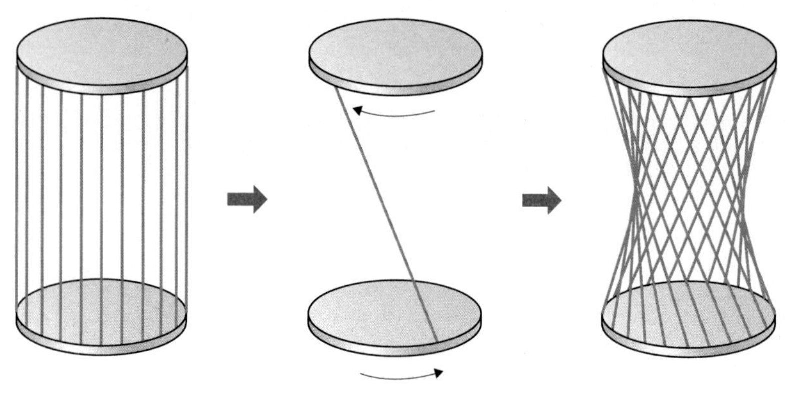

두 원판을 여러 개의 고무줄로 엮은 후 위 아래 원판을 반대 방향으로 돌리면 고무줄은 쌍곡면을 만든다.

영국 런던의 퀸 엘리자베스 올림픽 공원의 Lee Valley VeloPark의 지붕은 쌍곡포물면 모양이다. 벨로드롬과 BMX(자전거 모터크로스) 트랙이 있다.

두 축(검은 색) 위에 일정한 간격으로 수를 표시하고 합이 10이 되도록 두 축 위의 수를 노란 색 선으로 연결한다. 1과 9, 2와 8, 3과 7, 4와 6……을 연결한다.

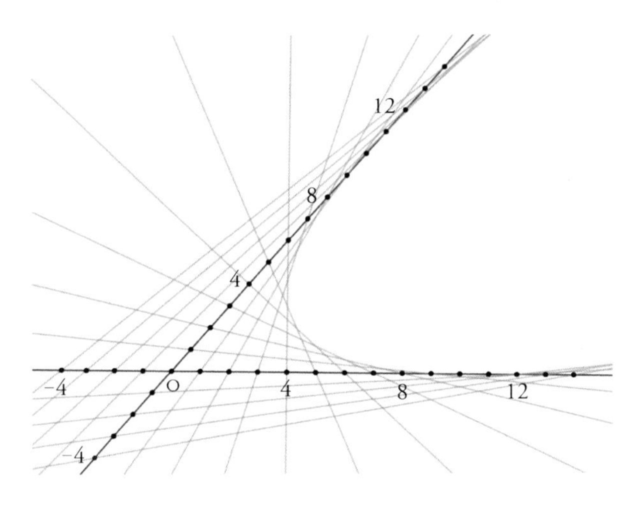

마찬가지로 11과 −1, 12와 −2……를 연결한다. 이와 같이 연결하였을 때 두 축 안쪽의 노란 색 직선 다발은 곡선처럼 보인다. 이것이 바로 포물선이다. 합을 어떤 수로 하든 상관없으며, 직선을 많이 그을수록, 점을 촘촘하게 배치할수록 포물선이 잘 보인다.

이제 이 방법을 이중으로 해 보자. 정육면체에서 마주 보는 두 쌍의 대각선을 생각하자. 그림에서 굵은 빨간 선과 굵은 파란 선이다. 굵은 빨간 대각선의 양 끝점이 굵은 파란 대각선 위를 지나면서 반대편 굵은 빨간 대각선까지 평행하게 이동한다고 하자. 가는 빨간 선은 이동하는 과정을 보여주는 선이다. 마찬가지 방법으로 굵은 파란 대각선의 양 끝점도 굵은 빨간 대각선 위를 지나면서 반대편 굵은 파란 대각선까지 평행하게 이동한다. 직선들이 이동하면서 자취를 남기면 오른쪽 그림과 같은 오목하면서도 볼록한 곡면, 마치 말안장 같기도 하고 감자칩 과자 같기도 한 곡면이 생긴다. 바로 쌍곡포물면이다. 이 곡면의 이름이 쌍곡포물면인 이유는 수직단면은 포물선, 수평단면은 쌍곡선이기 때문이다.

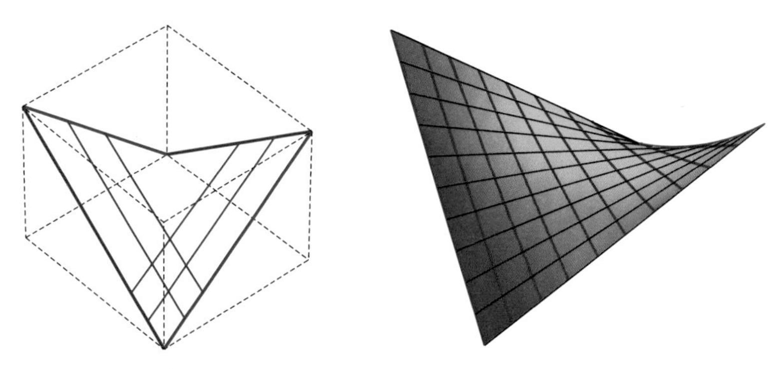

빨간 선과 파란 선 두 종류 선의 자취로 만들어지는 쌍곡포물면.

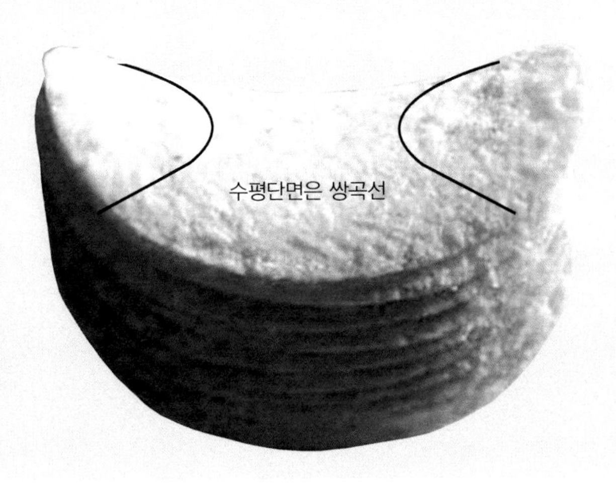

감자칩 과자는 쌍곡포물선 모양이다. 쌍곡포물면의 단면은 수직으로는 포물선, 수평으로는 쌍곡선이다.

월드볼이 서 있는 곳은 월드컵공원의 중심지쪽에서는 조금 떨어져 있다. 마치 관중석이 비어있는 K리그 같다고나 할까. 그런데 다시 보면 월드볼의 자리는 상암 사거리 넓은 찻길 옆, 6호선과 경의중앙선, 공항선이 만나는 교통의 요지 디지털미디어시티역 바로 앞이다. 어쩌면 월드볼을 큰길 쪽에서 바라보는 광경은 4년에 한 번, 월드컵이 열릴 때마다 축구에 쏟아지는 관심과 비슷하다는 생각이 든다. 학교 운동장에서, 길거리 공원에서 축구를 즐기는 아이들이 더 많아지기를, 유소년 축구에 대한 관심, K리그에 대한 관심이 꾸준히 이어지기를 기대하는 마음이다. 그래서 해가 진 후에 월드볼에 조명을 밝힌다는 뉴스가 반갑다. 축구 경기가 열릴 때는 빨간 색, 문화행사가 열릴 때는 파란 색, 경기나 행사가 없는 날에는 무지개색으로 표현한다니 이제 월드볼이 우리에게 말을 하기 시작한 것 같다. 나, 축구공을 보아 달라고 말이다.

수학으로 쌓아 올린 월드컵경기장

분수가 그리는 포물선

발길을 돌려 월드컵경기장 쪽으로 향한다. 보조경기장 철망 사이로 빨간 장미꽃들이 화려하다. 빨간 장난감 봉을 든 꼬맹이가 뒤뚱뒤뚱 비둘기를 쫓아간다. 한 아이가 롤러 블레이드를 타고 내 옆을 스쳐 지나가고 또다른 아이는 자전거를 타고 지나간다. 월드컵경기장으로 이어지는 넓은 광장은 주말을 즐기는 가족들로 가득 차 있다. 넓은 분수대에는 때 이른 더위를 피하는 아이들의 깔깔대는 웃음 소리와 물 뿜는 소리가 한창이다. 물은 바닥에서부터 포물선을 그리며 솟아오르는데, 아이들은 분수꼭지를 깔고 앉아 비어져 나오는 물줄기를 막느라 열심이다. 분수는 모양을 바꾸어가며 물줄기를 쏘아대는데, 잠깐 동안 포물선 터널이 만들어지자 몇몇 아이들이 소리를 지르며 빠르게 통과한다. 물 아래를 달리는 건 신나는 일이다. 분수를 쏘아 올리는 힘이 약해지면 떨어지는 물줄기에 물에 빠진 생쥐가 되기도 한다. 하지만 아이들은 아랑곳하지 않고 더 야단스럽게 물을 튕겨댄다. 그래야 아이들이지. 미소가 번진다.

분수로 터널을 만들 수 있는 건 쏘아 올린 물이 날아가다가 다시 떨어지기 때문이다. 그리고 분수 터널이 아름답게 보이는 건 포물선을 그리기 때문이다. 오래전 갈릴레오가 밝힌 사실이다.

갈릴레오는 지구 위에 던져진 모든 물체의 날아가는 경로가 포물선이라는 사실을 발견했다. 갈릴레오가 살던 17세기 이전에는 아리스토텔레스의 설명이 진리였다. 모든 물체는 목적을 갖고 있다는 것이다. 지상계를 이루는 물, 불, 공기,

돛단배 같은 월드컵경기장을 배경으로 포물선 분수가 시원하다.

흙의 네 원소 중 흙은 가장 천하고 무거운 본성을 갖고 있어서 돌멩이는 아무리 높이 던져도 결국 자신이 있어야 할 장소인 땅으로 돌아간다고 했다. 사과가 떨어지는 것은 흙의 원소가 가장 많이 포함되어 있기 때문이며, 움직이는 물체는 움직이는 방향으로 받던 힘이 소멸하면 땅으로 수직으로 떨어진다고 했다. 그런데, 대포의 포탄은 힘을 받으며 가장 높은 곳까지 간 후 아리스토텔레스의 말대로 수직으로 떨어지지 않고 날아온 만큼 곡선을 그리며 날아가면서 떨어진다. 대포의 등장으로 탄환을 가장 멀리 발사할 수 있는 방법을 연구하면서 대포알이 아리스토텔레스가 말한 대로 움직이지 않는다는 사실을 알게 된 것이다.

갈릴레오는 그런 시대에 태어났다. 코페르니쿠스의 지동설이 타당하다고 생각하는 한편으로 지구가 태양을 돈다면 왜 지구에 있는 사람들은 그것을 느끼지 못하는지 의문도 품었다. 갈릴레오는 운동이 왜 일어나는가보다 어떤 방식으로, 어떤 형태로 일어나는지에 주목하여 물체의 낙하 거리는 시간의 제곱에 비례한다는 법칙을 알아내기도 했다.

물 위에 떠 있는 배에서는 배가 움직이는지 해안선이 움직이는지 판단하기 어렵다. 이 사실로부터 운동은 물체의 성질과 아무런 관계가 없으며 아리스토텔레스의 말과는 달리 한 물체에 여러 가지 운동이 동시에 일어날 수 있다는 것이 받아 들여졌다.

갈릴레오는 저서 『두 새로운 과학』의 「넷째 날」에서 던져진 물체의 운동을 수평 방향과 수직 방향으로 구분하였다. 수평으로는 일정한 속도로 운동하고, 수직으로는 낙하운동이 결합된 것으로 해석하여 포물선 모양을 그리며 움직인

다는 사실을 증명한 것이다. 지상에서 물체를 쏘아올리는 각도에 따라 포물선의 폭과 높이가 어떻게 달라지는지 상황을 바꾸어가면서 정리와 문제를 실어 놓았다.

1638년, 갈릴레오가 연금상태에서 완성한 이 책이 출판되었다. 사람들은 공이든 돌이든 물이든 지구를 벗어날 만큼 빠르지 않다면 지구가 끌어당기는 힘, 즉 중력에 의해 포물선을 그리며 다시 땅으로 떨어진다는 사실을 알게 되었고, 불변의 진리라 믿었던 아리스토텔레스의 자연학은 무너져 내렸다.

물보라가 튀는 배경에 거대한 돛단배가 한 척 서 있다. 외계인이 타고 온 비행접시 같기도 한데, 돛대와 지붕을 잇는 케이블이 어우러진 모습이 한강에 띄우면 바람을 타고 흘러갈 것 같이 가볍다. 축구전용 경기장, 월드컵경기장이다.

경기장 앞은 K리그 축구 경기 준비로 분주하다. 천막을 치고 트럭에서 야외의자와 앰프를 내리는 사람들 옆을 지나쳐 걷는다. 몇 시간 후면 많은 사람들이 이 광장을 지나 경기장 안으로 들어가리라. 그 길을 미리 밟으며 경기장을 끼고 서쪽으로 방향을 잡는다. 한참을 걸어가니 2002년 월드컵 경기를 기념한 월드컵기념관이 보인다. 붉은 악마를 떠오르게 하는 빨간 대문을 지나니 전시공간 소개가 있다. 개막식부터 16강, 8강, 4강, 결승, 그리고 폐막식순으로 되어있다. 들어가서 그때의 감동을 다시 느끼고 싶지만 마음을 다잡는다. 경기장을 들러 하늘공원까지 가려면 일정이 빡빡하다. 다음을 기약하며 발길을 돌린다.

수학속으로 4 솟구치는 분수가 그리는 곡선은 포물선

갈릴레오가 쓴 책『두 새로운 과학』의「넷째 날」정리 1은 수평으로 던져진 물체는 수평으로는 속도가 일정한 운동을 하고 수직으로는 자신의 무게 때문에 속도가 증가하는 운동을 하게 되어 그 움직임이 포물선을 그린다는 내용이다. 갈릴레오의 생각을 따라가 보자.

갈릴레오는 아폴로니우스가 원뿔을 자른 단면 중 하나(아래 그림에서는 모선 lk)에 평행하게 절단한 단면 bac에 포물선이라고 이름붙인 것을 알고 있었다. 갈릴레오는 그의 책에서 이를 인용하면서, 포물선에서는 bd의 제곱과 fe의 제곱의 비는 축 ad와 그 일부인 ae의 비와 같음을 보였다.

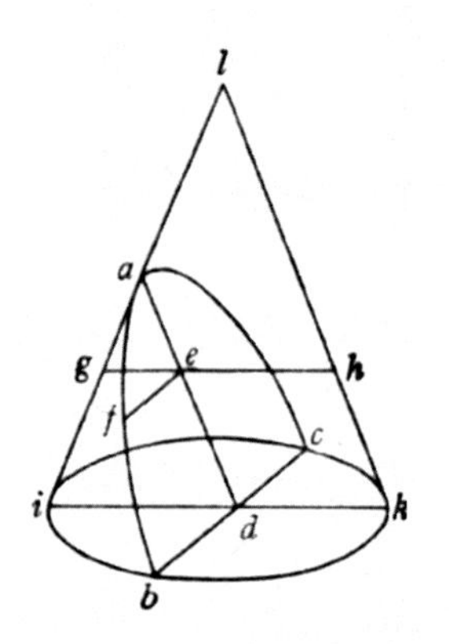

『두 새로운 과학』,「넷째 날」정리 1의 제1 보조정리의 그림

이제 오른쪽 그림과 같이 물체가 수평으로 던져졌을 때, b지점부터 물체가 떨어진다고 하자. 물체는 a지점부터 b지점까지는 수평운동만 하지만, b지점부터는 수

평, 수직 운동을 모두 하게 된다. 물체가 떨어지며 그리는 곡선을 분석하기 위해 시간을 같은 간격으로 나눈 점 c, d, e를 표시하고 그때마다의 물체의 위치를 i, f, h라고 하자. 갈릴레오가 이미 증명한 낙하법칙, '물체의 낙하 거리는 시간의 제곱에 비례한다'에 의하면 첫 번째 부분을 ci라고 하면 df는 그것의 4배, eh는 그것의 9배와 같이 제곱 배가 된다.

이제 저 곡선이 포물선임을 보이려면 bo, bg, bl의 비가 io의 제곱, fg의 제곱, hl의 제곱의 비와 같음을 보이면 된다.

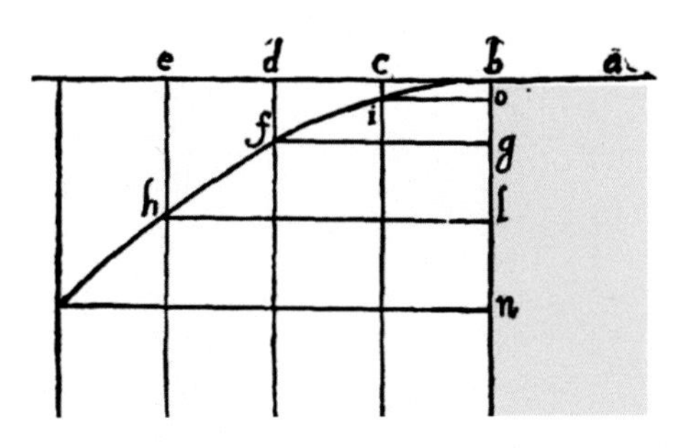

『두 새로운 과학』, 「넷째 날」 정리 1의 그림

먼저 bg, bl의 길이는 각각 df, eh의 길이와 같고, 이들의 비는 낙하법칙에 의하여 bd의 제곱, be의 제곱의 비와 같다. 그리고 bd의 제곱, be의 제곱은 각각 fg의 제곱, hl의 제곱과 같으므로 결국 bg, bl의 비는 fg의 제곱, hl의 제곱의 비와 같다. 마찬가지로 하면 bo, bg의 비가 io의 제곱, fg의 제곱의 비와 같다.

따라서 점 i, f, h는 제1 보조정리에 의해 축이 bn인 포물선 위에 있게 된다.

함성 소리가
들리는 듯한 경기장

월드컵기념관 바로 옆에 스타디움 투어라고 쓰인 경기장 관람 출입구가 있다. 바로 여기구나. 들어가자마자 2002년 당시 국가대표 선수들의 대형 사진이 있다. 빨간 유니폼들 속에 노란 유니폼을 입은 골키퍼 이운재 선수가 보이고, 홍명보 선수 앞, 열두 번째 선수의 얼굴이 비어 있다. 아하, 여기에 얼굴을 내밀고 기념사진을 찍으라는 거구나.

경기장 쪽으로 나오는 출입구 이름은 H. 계단 몇 개를 오르자 연둣빛 잔디와 하얀색 지붕, 맑은 하늘과 두둥실 구름이 펼쳐진다. 그리고 엄청난 관중석. 규칙적인 줄무늬와 싱그러움으로 눈길을 끄는 잔디경기장. 선수들의 역동적인 에너지가 느껴진다. 날아갈 듯 아름다운 곡선의 지붕, 빼어난 자태의 돛대와 케이블. 그 사이로 보이는 파란 하늘, 바다를 둥둥 떠가는 돛단배를 탄 것 같다.

천천히 왼쪽으로 걸으니 I, J, K, 출입구 이름이 계속 바뀐다. 오후 경기를 준비하는 사람들은 햇빛 아래 바쁜데, 오히려 적막함이 느껴진다. 엄청나게 넓은 공간에 소음 한 점 없는 탓이리라. 관중석을 손걸레로 닦는 사람들도 있고 잔디경기장 주변에 초록색 펜스를 설치하는 사람들도 있다. 잔디 위에는 트랙을 그리기 편하게 흰 동아줄이 놓여 있다. 유니폼을 입은 시설 관리 직원에게 다가가자 사람 좋은 미소를 머금고 설명해 준다.

"이쪽이 로얄 석이에요. 기자석도 있고." 직원이 뒤편으로 그늘진 곳을 가리

키며 말해준다. 경기장은 마치 우리나라처럼 남북으로 길다. 그래서 관중석은 동쪽과 서쪽으로 길고 전광판은 남쪽과 북쪽에 있다. 로얄 석은 서쪽 가운데에 있다. 경기는 대체로 오후에 열리므로 해가 서쪽에 높이 떠 동쪽은 눈이 부시기 때문이다. 지붕을 길게 내면 동쪽 관중도 좋고 선수도 좋다. 직사광선도 피할 수 있고 비가 와도 걱정이 없다. 그런데 잔디가 문제다. 지붕을 완전히 덮거나 길게 내면 햇빛을 받기 어렵기 때문이다. 태양의 고도를 계산하여 하루 평균 5시간 이상 햇빛이 비치도록 지붕 길이를 결정했다고 한다. 지붕은 촘촘한 트러스 구조에 우윳빛 테프론이 씌워져 있다.

기둥은 없애고
지붕은 튼튼하게

유럽의 오래된 축구장에는 중간중간 기둥이 있어 시야를 가리기도 한다. 철근 콘크리트 건물의 기둥 간격은 일반적으로 6m~20m 정도인데, 철골 트러스를 사용하면 그 거리를 100m 이상으로 늘릴 수 있어 요즘은 널찍한 경기장 어느 곳에도 관중의 시야를 가리는 기둥 같은 것은 없다. 우리나라의 축구장은 대부분 최근에 지어져 시야를 방해하는 것이 없어 시원하다. 시야를 확보하는 또 다른 방법으로 지붕 한쪽만 기둥이 받치고 있는 캔틸레버 구조가 있다. 서울월드컵경기장은 경기장 바깥쪽에 세운 기둥에 케이블을 연결하여 지붕을 들고 있는 모습이 마치 돛을 들고 있는 것 같다. 지붕 아래쪽으로 연결된 케이블은 트

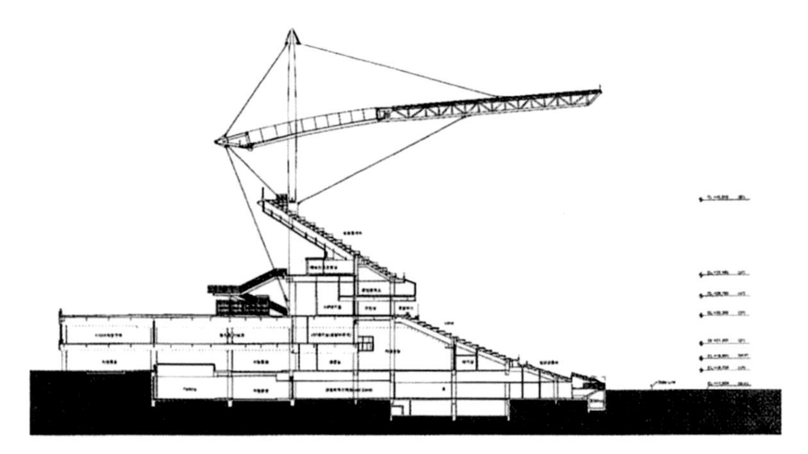

서울월드컵경기장의 지붕은 트러스 구조이면서, 경기장 바깥쪽의 기둥과 이 기둥에 연결된 케이블이 지붕의 무게를 버티고 있다.

러스에 이어붙인 테프론막이 바람에 의해 상승하려는 압력을 견디는 역할이다. 삼각형 모양의 트러스에, 위로 잡아당기고 아래로 잡아당기는 케이블까지 관중의 시야를 확보하기 위한 노력은 끝이 없다.

지금은 테프론 지붕이 파란 하늘과 두둥실 구름을 배경으로 무심한 듯 펼쳐져 있지만 때로는 몰아치는 비바람도 견뎌야 한다. 튼튼하고 가벼운 신소재인 테프론은 두께가 1mm 정도밖에 안되지만 엄청난 무게도 견딜 수 있는 강한 섬유라고 한다. 또 경기장은 건축가들의 독특한 건축 철학을 보여 주기도 한다. 서울월드컵경기장은 팔각 소반 위에 돛단배의 기둥, 그리고 방패연을 닮은 지붕 디자인으로 건축물에 우리 전통을 구현했다고 한다. 수학의 관점에서 가

관람자의 시야를 가리는 기둥이 없는 탁 트인 경기장을 만드는 데는 트러스 구조와 캔틸레버 구조가 큰 역할을 한다.

돛대 같은 기둥에 연결된 케이블이 지붕의 무게를 지탱하고 우윳빛 지붕은 그늘을 만든다.

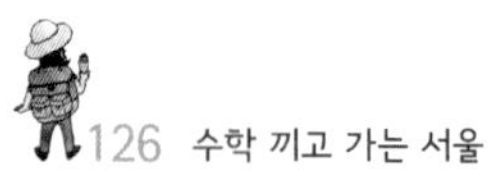

장 관심을 끄는 경기장은 아마도 독일의 뮌헨 올림픽경기장일 것이다. 뮌헨 경기장의 지붕은 비누 막을 본 떠 디자인했다. 비누 막을 건축에 활용한다니, 의아할 것이다. 비누 막에 어떤 비밀이 숨어 있는지 알아보자.

철사를 원 모양으로 구부려 비눗물에 담그면 평평한 모양의 비누 막이 만들어진다. 이번에는 원 모양의 철사 두 개를 마주 댄 상태에서 비눗물에 담갔다가 꺼내서 천천히 벌려 보자. 어떤 모양의 비누 막이 만들어질까? 원 모양의 철사 양쪽을 경계로 하는 비누 막의 모양은 원기둥 모양이 아니라 가운데가 오목하게 내려 간 모양이다.

두 비누 막의 공통점은 무엇일까? 바로 원을 경계로 하는, 가장 넓이가 작은 곡면(극소곡면)이라는 점이다. 원 한 개를 경계로 하는 극소곡면은 평평한 원의 내부, 즉 원반(디스크)이고 원 두 개를 경계로 하는 극소곡면은 현수면이다. 사람이 극소곡면을 그리려면 컴퓨터 프로그램이 필요하지만 비누 막은 아주 자연스럽게 그 모양을 보여준다.

현수면은 현수선을 회전시킨 모양이다. 현수선은 줄의 양 끝을 고정시켰을 때 줄이 자연스럽게 늘어지면서 생기는 곡선으로 줄의 위치에너지를 최소로 하는 모양이다. 그러니 뮌헨 올림픽경기장 지붕을 설계할 때 축소 모형으로 비누 막 실험을 여러 번 했다는 이야기, 그래서 재료를 적게 써서 경제적으로 지었다는 이야기, 그리고 그 비누 막 모양은 최소 넓이를 가지려는 성질 때문에 매우 안정된 구조를 이룬다는 이야기는 실은 자연의 힘에 대한 이야기이다.

비누 막은 오랫동안 학자들의 관심을 끌어왔다. 철사를 어떤 모양으로 구부

려도 항상 비누 막이 존재하는가, 그 철사를 경계로 하는 극소곡면이 존재하는가를 따져 보는 것을 플래토 문제라고 한다. 벨기에의 물리학자, 플래토가 1847년 여러 가지 비누 막 실험을 한 연구 결과를 발표하여 그 이름을 따게 되었지만 1760년에 라그랑주가 주어진 닫힌 곡선에 넓이가 최소인 곡면이 존재하는가라고 문제를 던진 바 있다. 이 문제는 미국 수학자 제시 더글러스와 헝가리 수학자 티보르 라도가 각각 독립적으로 풀어냈다. 그 중에서 일반적인 풀이법을 제시한 더글러스가 이 업적으로 1936년에 시작된 필즈메달의 첫 번째 수상자가 되었다.

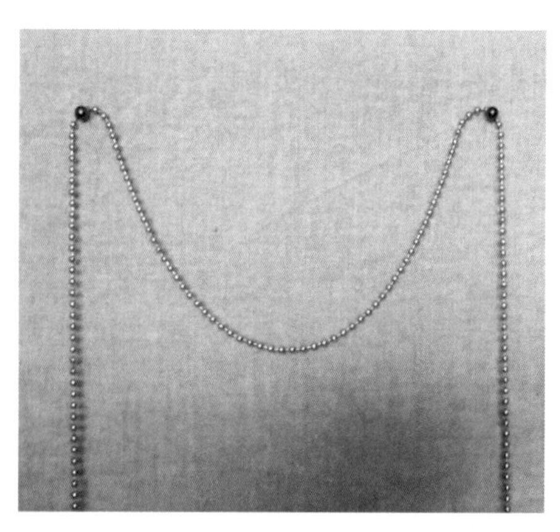
자연스럽게 늘어진 쇠사슬은 현수선을 만든다.

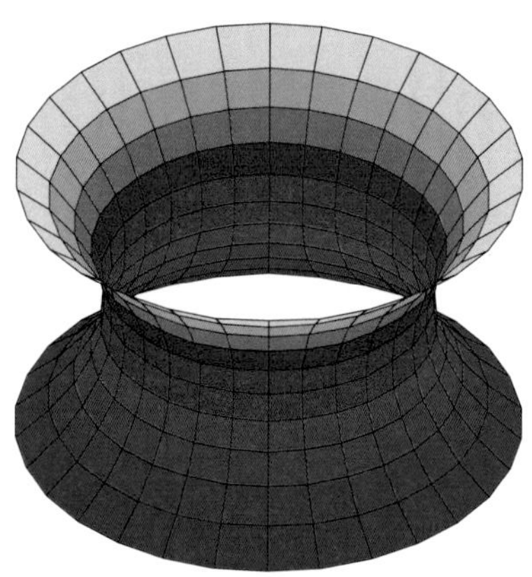
현수선을 회전시키면 현수면이 만들어진다.

축구장은 얼마나 커질 수 있을까

방패연 모양의 지붕을 보면서 비누 막 생각을 한참 하다 보니 지붕 아래 관중석을 큰 천으로 가려놓은 것이 눈에 띈다. 왜 가려 놓았느냐는 질문에 국제 경기같은 큰 경기가 열릴 때는 거기까지 꽉 차지만 K리그 경기에서는 보통 1, 2층만 관중석으로 사용하기 때문에 평소에서는 덮어 둔다는 대답이 돌아온다. 경사가 급하고 필드까지 거리도 머니 관중이 가지 않는 것이 당연하겠다.

그렇다면 축구장의 크기는 어떻게 정할까? 필드에서 멀면 선수들의 움직임이 잘 안 보인다. 필드의 생동감을 그대로 느끼려면 어느 정도 거리가 적당할까? 건축학에서는 공연장 객석 가시거리의 한계를 정해 두었다. 연기자의 표정이나 동작을 자세히 감상할 수 있는 한도는 15m, 소규모 공연의 가시거리 1차 허용한도는 22m, 오페라, 발레, 심포니 오케스트라와 같은 대규모 공연의 가시거리 2차 허용한도는 35m이다. 그런데 축구 경기를 관람할 때는 조금 다르다. 최적 가시거리는 150m 이내이다. 그 이유는 축구 선수가 움직이는 모습을 바로 눈앞에서 볼 때와 멀리서 볼 때 그 움직임을 보는 각도가 다르기 때문이다. 사람의 눈은 사물을 감지할 때 그 움직임의 폭이 0.4도를 넘지 않으면 식별하기 힘들다고 한다. 이를 거리로 생각해서 FIFA는 관중석과 필드와의 최대 거리를 190m 이내로 규정하고 있다.

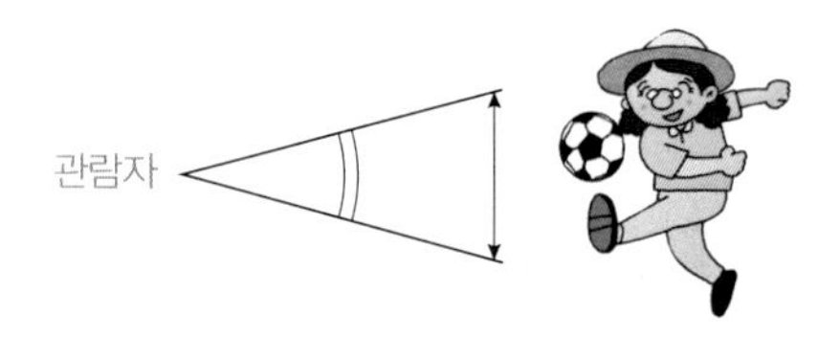

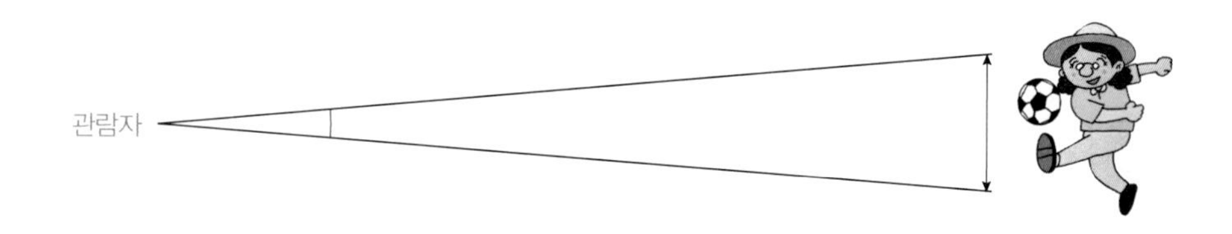

똑같은 물체를 볼 때, 가까이 있을 때는 보는 각도가 커지고, 멀리 있을 때는 보는 각도가 작아진다.

최대 가시거리 190m로 축구장 만들기

수학속으로 5

FIFA는 경기를 생동감 있게 볼 수 있도록 관중석과 경기장 사이의 최대 거리를 190m 이내로 규정하고 있다. 이 조건을 만족하려면 축구장을 어떤 모양으로 만들어야 할까?

FIFA 규정은 필드 중앙에서부터 관중석까지의 거리가 아니라, 관중석과 필드 사이의 최대 거리를 제한하고 있다고 보아야 한다. 즉 관중 한 명 한 명이 필드 사이드라인과 최대 190m 이내에 있도록 한다는 말이다. 이를 거꾸로 생각하면 사이드라인 위의 모든 점에서 190m 이내에 관중석이 있어야 한다. 즉 중심이 사이드라인 위에 있고 반지름의 길이가 190m인 원들의 공통 부분이 바로 필드에서 거리가 190m 이내인 영역이다.

아래 그림의 연두색 선들이 위에서 말한 무수히 많은 원들의 자취이다. 따라서 관중석은 이들 원들의 공통 부분, 즉 연두색 안쪽 흰 부분, 둥근 사각형 같은 모양이 된다.

그런데 이렇게 생긴 축구장은 왜 없을까? 그 이유는 190m 이내라는 규정이 최대 거리라는 사실 때문이다. 그림에서 보면 A 지점과 B 지점에서 운동장까지 가장 먼 거리가 190m 이내인 것은 같지만 가장 가까운 거리는 다르다. A 지점의 관중은 B 지점의 관중보다 멀다고 느낄 테니 말이다. 그래서 축구장은 필드를 둘러싼 둥근 모양으로 만든 게 아닐까.

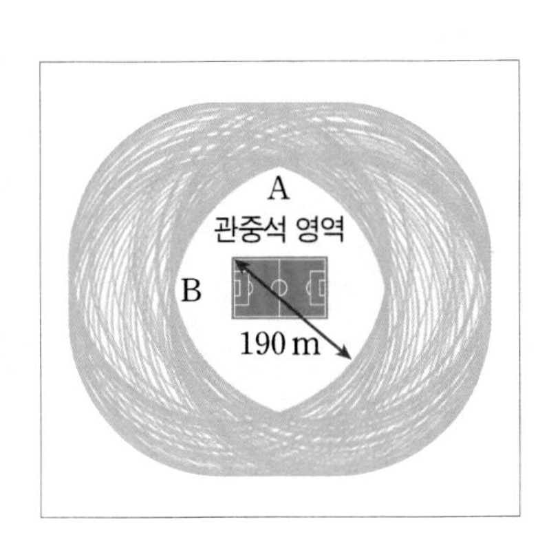

내 머리가 뒷 사람 시야를 가린다면

서울 월드컵경기장도 코너킥하는 꼭짓점을 기준으로 대각선 방향 가장 먼 관중석까지의 거리가 190m 정도이다. 경기장 크기가 정해지면 이제 남은 문제는 그 안에 좌석을 몇 석 만들 것인가이다. 관중석의 개수를 결정하는 변수는 좌석 앞뒤 폭, 그리고 경사도이다. 폭을 좁게 하면 지나다니기 어렵고 넓게 하면 좌석 개수가 줄어든다. 보통은 앞뒤 폭이 80cm 정도인데, 울산 경기장은 75cm여서 좀 더 가까이에서 박진감 넘치는 경기를 즐길 수 있는 반면 화장실에 갈 때는 즐거웠던 만큼 불편을 감수해야 한다.

경사각은 관중석의 수직 높이와 수평 높이의 비로 결정된다. 좌석을 많이 넣기 위해서 이 비를 크게 하면 아찔할 정도로 경사가 지게 된다. 유럽의 오래된 경기장 중에는 경사각이 45도인 곳도 있지만 FIFA에서는 관중석의 경사각이 34도를 넘지 못하도록 규정하고 있다. 이 규정을 지키면서 좌석을 많이 확보하고 모든 관중석을 필드와 좀 더 가까이 설치하기 위해 대부분의 축구장은 하단의 경사각보다 상단의 경사각을 더 크게 설계한다. 서울월드컵경기장 역시 1층, 2층, 3층 올라 갈수록 경사각이 커진다.

내 머리가 뒷사람의 시야를 가리지 않으려면 단 높이는 어느 정도가 적당할까? 나와 내 뒷사람이 가까운 사이드라인에 있는 공을 동시에 바라본다고 하자. 관중의 눈과 필드의 공을 연결하는 직선을 가시선이라고 하는데, 내 뒷사람의

시야를 가리지 않기 위해서는 앞뒤 사람의 '가시선의 수직 높이차'가 중요하다.

가시선은 내 머리에 방해받지 않고 공까지 직선으로 뻗어 가야 한다. 나와 내 뒷사람의 가시선의 수직 높이차가 15cm 이상이면 시야가 매우 좋은 편인데, 우리나라 경기장들은 이 값을 8cm~12cm 정도로 유지하고 있단다. 즉, 관중석을 설계할 때 건축가들은 시야를 어느 정도 확보할 것인지, 즉 가시선의 수직 높이차를 먼저 정하고 그에 따라 단 높이를 계산한다.

그런데 가시선의 수직 높이차를 일정하게 하고 단 높이를 계산하면 재미있게도 단 높이가 아주 조금씩 높아져야 한다. 그 차이는 1mm 정도로 작지만 연속해서 단을 올리면 포물선과 같이 경사가 점점 급해지기 때문에 각 층 안에서는 단 높이를 통일시킨다. 그러다 보면 같은 2층에서도 시야가 좀 더 좋은 곳이 있지만, 그 영향은 미미하다. 그보다 앞사람의 키가 큰지, 모자를 썼는지 등이 더 큰 변수가 된다.

수학속으로 6 관중석의 경사각은 몇 도일까?

서울 월드컵경기장의 스타디움 투어 입구로 들어가면 바로 2층 관중석이다. 이곳의 경사각은 몇 도일까? 직접 재어 알아보자.

경사각은 수직거리와 수평거리의 비로 알 수 있다. 보통 도로에서 보는 경사도 팻말은 이 비를 백분율로 나타낸 것이다.

서울 월드컵경기장 2층 관중석의 수평 수직거리를 직접 측정해 보았다. 아래 사진처럼 의자가 있고 또 통로에는 계단이 이중으로 있어 측정하기 불편했다. 게다가 자가 없어서 A4 용지의 긴 쪽이 29.7cm라는 사실을 이용했기 때문에 오차가 있겠지만 수평 80cm, 수직 31cm였다. 측량사가 아니니까 이 정도로 만족하자.

2층 관중석의 경사도는 31÷80으로부터 38.8%라고 할 수 있다. 각도로 환산하면 $\tan 21.2 = 0.3879$이므로 약 21.2도이다. 시공법 자료에 의하면 이 경기장의 최대 경사도는 33도이다.

관중석에 앉아 선수들이 뛰는 모습을 그려본다. 민첩한 동작으로 상대 선수를 제치고 공을 몰아 골대를 향해 뛰어가는 선수, 상대 선수의 넋을 빼는 절묘한 패스, 열광하는 관중들의 함성소리까지. 축구장에서 경기를 직접 보는 일은 텔레비전으로 보는 것과는 맛이 다르다. 선수들의 거친 숨을 느끼는, 가슴 뛰는 일이다. 모르는 사람들과 동시에 기쁨의 함성을 지르기도 하고, 탄식의 한숨을 쉬기도 한다. 잠깐이지만 공동체 안에 속해 있다는 안도감을 느끼기도 한다.

관중석에 앉아 이런 저런 생각을 하다 보니 지붕 트러스에 설치한 조명등과 앰프가 보인다. 조명탑이 아니라 조명 하나하나를 지붕 트러스에 설치한 구조라 눈부심도 적고 강한 빛 때문에 환경문제를 일으키는 일도 적을 것 같다. 그러고 보니 서울 월드컵경기장의 가장 빼어난 모습은 아마도 밤에 볼 수 있지 않을까. 한지 느낌의 테프론 밖으로 은은하게 새어 나오는 빛이, 돛단배가 방패연에 매달려 둥둥 떠가는 느낌을 주는지 한여름 밤에 와봐야겠다.

수학속으로 7 관중석의 단 높이는 어떻게 정할까?

관중석 앞뒤로 앉은 두 사람이 필드의 공 B를 내려다본다고 하자. 가시선의 수직 높이차를 c, 좌석의 앞뒤 폭을 d라고 할 때, 단 높이 h는 어떻게 구하는지 알아보자.

뒷사람의 가시선을 AB라 하고 앞사람의 눈에서 가시선의 수직 높이차 c만큼 올라온 지점을 A′이라고 하면, 두 삼각형 ABH와 A′BH′은 닮음이다. 앞사람의 눈 높이를 h'이라고 하면 $\mathrm{A'H'}=c+h'$이다.

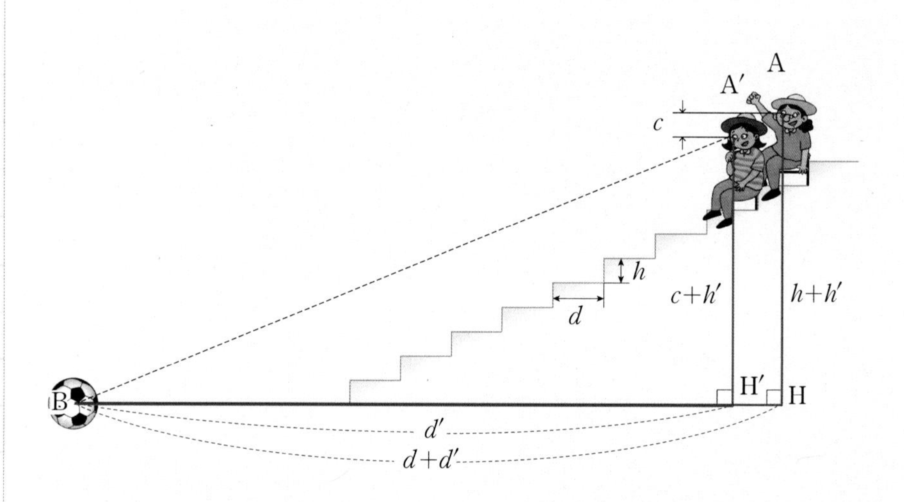

두 삼각형 ABH와 A′BH′에서 밑변과 높이의 비가 같으므로

$d+d':h+h'=d':c+h'$에서 $(d+d')(c+h')=(h+h')d'$

이 식을 정리하면 단 높이 h는

$$h=c+\frac{cd+dh'}{d'}=c+\frac{d(c+h')}{d'}$$

예를 들어, 건축가가 가시선의 수직 높이차는 12cm, 좌석의 앞뒤 폭을 80cm로 결정했다고 하자. 그러면 필드에 놓인 공으로부터 높이가 6m, 공까지의 거리가 22m인 곳의 관중석의 단 높이는 아래와 같다.

$$h=12+\frac{80(12+600)}{2200}=34.25(\mathrm{cm})$$

대칭으로 지어진
선수 대기실

전에는 선수대기실을 개방하지 않았는데, 이제는 들어가 볼 수 있다. 경기장 잔디 바로 앞 빨간 색 차양을 쳐놓은 입구를 지나 지하로 들어간다. 계단을 몇 개 내려가자 넓은 지하에 선수대기실, 감독실, 진행실, 중계방송 스튜디오, 도핑 검사실이 펼쳐진다. 선수실 A로 들어서자 땀 냄새 제거제 같은 인공향이 훅 끼쳐온다. 잠시 숨을 멈췄다가 대기실 모양새를 훑어본다. 사물함과 의자, 그리고 샤워실. 선수들이 여기서 시합 전 긴장한 몸도, 마음도 가다듬었겠구나. 시합이 끝나고 땀과 흙으로 범벅이 된 채 샤워기 밑에 서면 어떤 기분일까? 이겼을 때, 선수들끼리 손발이 잘 맞았을 때, 경기에서 기량을 마음껏 내보였을 때는 정말 시원하겠지. 그럴 때는 분수대의 아이들보다 더 왁자지껄할 테고.

선수실 A는 재미있게도 샤워실을 가운데 둔 대칭 모양이다. 탈의실도, 화장실도 모두 대칭으로 2개씩 있다. 연속되는 경기에 대비해서 두 팀을 소화하기 위한 배치라고 한다. 선수실을 나오자 옆에 워밍업실이 눈에 띈다. 교실보다 큰 방에 인조잔디가 깔려 있다. 흰 벽에는 다녀간 관람객들의 낙서가 가득하다. 탈의실과 화장실만 대칭이 아니라 입구를 기준으로 같은 구조의 선수실, 감독실, 워밍업실이 또 있다. 왼쪽이 A, 오른쪽이 B로 대칭 구조이다. 마치 경기장이 중앙선을 기준으로 대칭인 것처럼.

들어갈 때는 바삐 들어갔지만 나올 때는 유유자적. 입구 카메라에 찍힌 내 영상도 즐기고 벽에 붙은 잔디 설명도 꼼꼼하게 읽는다. 잔디 품종을 켄터키블루

그래서로 택한 이유는 사계절 내내 푸른 빛을 유지하기 때문이란다. 선수들이 누런 잔디밭에서 뛰는 장면은 상상이 잘 안된다. 생육이 빠르다는 장점도 있단다. 경기가 끝나면 밟히고 파여 훼손된 잔디는 걷어내고 옮겨 심어야 한다. 회복이 빠른 종이 좋을 것이다. 그리고 잔디를 깎을 때 한 방향으로 깎은 다음 기계를 돌려 반대방향으로 깎기를 반복하면 풀이 눕는 방향이 반대여서 빛이 반사되는 정도가 달라진단다. 그래서 우리가 보는 축구장의 잔디 색이 달랐던 거였구나. 잔디 줄무늬를 제대로 볼 생각에 계단 몇 개를 훌쩍 뛰어오른다.

잔디의 줄무늬,
오프사이드 판정의 도우미

잔디의 줄무늬는 그 자체로도 규칙적인 아름다움을 보여주지만 덕분에 멀리서도 선수들의 위치를 쉽게 파악할 수 있다고 한다. 그 이야기를 듣고 보니 잔디 줄무늬가 새롭게 보인다. 사실 심판 입장에서는 잔디의 줄무늬는 선수나 거리를 가늠하는 데 큰 도움이 된다. 두 선수 중 누가 앞에 있는지 줄무늬를 기준으로 비교하면 오프사이드 판정을 내릴 때 좀 더 정확할 수 있다.

서울 월드컵경기장의 잔디 줄무늬가 몇 개인지 세어 보니 모두 22개이다. 이곳 축구장의 길이가 105m이므로 줄무늬 한 개의 폭은 약 4.8m가 된다. 그럼 모든 축구장은 줄무늬 폭이 똑같을까? 그렇지 않다. 축구장 규격은 터치라인 90m~120m, 엔드라인 45m~90m로, 하나로 통일되지 않았기 때문에 구장마

잔디의 줄무늬는 멀리서도 선수들의 상대 위치를 가늠하게 해준다.

다 차이가 있었다. 이에 2008년 FIFA는 새로 짓는 축구장의 국제 규격을 터치라인 105m, 엔드라인 68m로 결정했다. 그 이전에 지어진 구장들은 줄무늬의 폭이 조금씩 다를 수 있다지만, 보통 터치라인이 100m~110m임을 고려하면, 잔디 줄무니 한 개의 폭은 큰 차이가 없다.

언제부터 축구장에 잔디를 깔았는지 모르겠지만 선수들은 잔디 덕을 톡톡히 보고 있다. 거친 플레이에서 몸을 보호해주고, 흙보다 반사되는 빛이 적어 눈부심도 덜하고, 공 튀는 소리, 관중들의 응원 소리도 잔디에 흡수되어 소음도 덜할 것이다. 관중 입장에서 잔디 구장이 좋은 가장 큰 이유는 선수들이 공을 다루기 좋아 수준 높은 경기를 볼 수 있다는 점이 아닐까. 흙에서는 작은 돌멩이나 조금 파인 곳이 있으면 공이 예상과 다르게 튀어 오를 수 있지만 잔디구장은 그렇지 않다. 푹신한 잔디에 떨어지면서 운동량을 잃어버려 땅에 떨어질 때보다 높이 튀어 오르지 않는다. 또 공이 잔디 위에 살짝 떠 있기 때문에 공을 다루기도 편하다. 이런 이유들로 잔디구장에서 감탄이 저절로 나오는 멋진 기술을 볼 수 있는 것이다.

환경을 지키는 월드컵공원

난초에서 쓰레기로,
다시 에너지로

남문으로 경기장을 빠져나오니 월드컵공원으로 이어지는 널따란 다리가 맞아준다. 다리 아래로는 버스들이 지나간다. 공원 쪽으로 탁 트인 전경이 넓게 펼쳐진 길만큼이나 시원하다. 완만한 경사 길을 따라 내려가니 길의 폭을 다 차지한 기다란 문 아래 꽤 많은 사람들이 올망졸망 앉아 있다. 아이들은 두꺼운 종이를 조립해서 만든 앉은뱅이 책상에서 무언가를 그리고 있고 어른들은 그런 아이들을 부드러운 눈길로 바라보면서 두런두런 이야기를 나누고 있다. 어떤 그림을 그리는지 궁금해서 흘깃 보았더니 어린이 환경 그림대회란다. 공원 쪽으로 넘어오자 평화의 광장에도 무슨 행사가 있는지 몹시 부산스럽다. 곧이어 꽹과리 소리를 시작으로 전통놀이 복장을 갖춘 사람들이 북과 장구를 치면서

수변마당에서 난지연못을 등지고 앉아 사물놀이와 피리 연주를 하고 있다.

흥겹게 판을 벌이고 있다. 전통연희 페스티벌이라는 입간판이 보인다.

가는 날이 장날이라더니 날을 잘 잡았다는 생각이 든다. 수변마당에는 난지연못을 등지고 앉아 사물놀이, 피리 연주가 한창이다. 텔레비전에서 보는 국악과 달리 현장에서 직접 보고 듣는 국악은 흥겨우면서도 귀에 착착 감긴다. 꽹과리와 북, 장구는 몸이 들썩이는 흥겨움을, 피리는 날아갈 듯 우아한 애잔함을 흘리는데 징이 길게 여운을 남기며 이 모두를 감싸 안는다. 한참을 푹 빠져 듣는다. 흐르는 물이 소리를 따라 둥둥 떠올라 구름과 함께 흘러간다. 하늘이 흘러간다.

저 구름 아래 보이는 산은 실은 쓰레기 더미 위에 흙을 쌓아 만든 산이다. 가까이 보이는 것은 하늘공원, 멀리 보이는 것이 노을공원이다. 이곳의 원래 이름은 난초와 지초가 어우러진 난지도였다. 난초는 알겠는데, 지초는 무엇일까? 사람들은 지초를 모르는 것처럼 '난지도'도 모른다. 철따라 온갖 꽃이 만발하고 샛강 주변 마을 사람들이 텃밭에 배추, 무를 심으며 소박하게 살고, 겨울이면 갈대 무성한 습지에 철새들이 무수히 날아들던 그런 난지도 말이다.

너무나 오래전 일이다. 1978년부터 1993년까지 약 15년 동안 서울시에서 나오는 온갖 쓰레기와 폐기물을 난지도에 매립했다. 그래서 난지도는 악취가 나고 쓰레기가 부패하면서 발생한 가스 때문에 크고 작은 불이 끊이지 않는 곳이었다. 자리를 털고 일어나 월드컵공원 전시관(난지도 이야기)으로 발걸음을 돌린다. 그곳에 난지도의 역사가 전시되어 있다.

월드컵공원 전시관은 매점 뒤편, 2층 건물이다. 건물 안으로 들어가니 안내

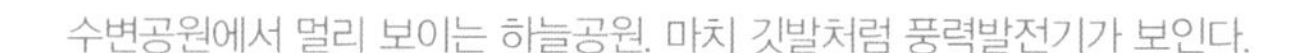

수변공원에서 멀리 보이는 하늘공원. 마치 깃발처럼 풍력발전기가 보인다.

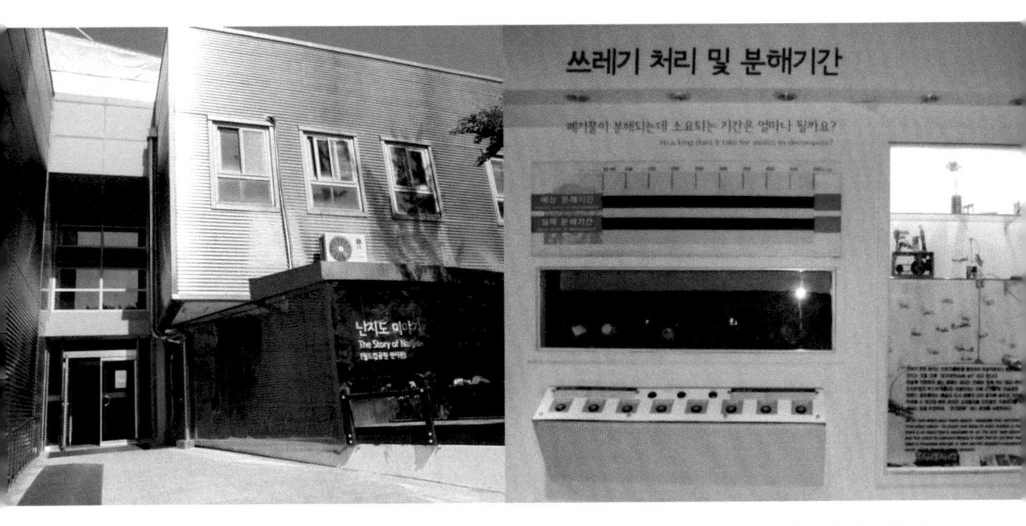

월드컵공원 전시관(난지도 이야기)(왼쪽 사진). 스티로폼, 알루미늄, 나무젓가락 등이 분해되는 데 걸리는 기간을 체험할 수 있는 전시물(오른쪽 사진).

데스크에 계신 분이 반갑게 맞아 준다. 아담한 전시관 입구 오른쪽에는 풀과 새들이 어우러졌던 난지도의 옛 모습을 재현해 놓았다. 바로 이어지는 쓰레기 전시물. 쌓여 있는 건축 폐기물, 폐가전들, 생활 쓰레기들을 봐도 실감이 나지 않는다. 쓰레기가 내뿜는 가스 때문에 매립지에서 일어난 불이 45일 동안 계속된 적도 있었다는데 악취, 오염수, 가스로 몸살을 앓았던 쓰레기 섬 난지도는 이제 사진 속에 남아 있다.

매립지를 어떻게 안정화시켰는지, 난지도가 공원으로 거듭나면서 어떤 시설들이 들어섰는지 설명해 주는 전시물을 찬찬히 살펴보며 한 바퀴 돌았다. 스티로폼, 나일론 등이 분해되는 데 얼마나 오랜 시간이 걸리는지, 오염된 물을 정화시키는 데 필요한 물의 양을 맞춰 보는 전시물도 있었다. 식용유로 오염된 물을 정화하는 데 많은 물이 필요하다는 건 예상했지만 우유나 간장 역시 엄청나게 많은 물을 필요로 한다는 사실은 뜻밖이었다. 난지의 흑역사를 보고 밖으로 나오자 맑고 환한 세상이 반겨준다. 짙은 녹음과 난지연못의 찰랑이는 물빛, 시원하게 펼쳐진 너른 마당. 이런 맑은 세상이 축복이라는 생각이 든다.

별자리 광장에서 만나는 고려 천문학자 류방택

쏟아지는 햇빛을 받으며 난지연못을 끼고 걷다가 크고 작은 포물선 물줄기들이 춤을 추는 바닥분수를 만났다. 천상열차분야지도를 새겼다는 별자리 광장도 보인다. 천상열차분야지도는 하늘천상을 적도를 따라 12구역으로 나누어 차례대로 배열열차하여 땅처럼 구역을 나누어분야 그린 지도라는 뜻이다. 평양에 있던 돌에 새긴 천문도는 전쟁 중에 잃어버리고, 전해진 탁본을 기본으로 하여 조선 태조 때인 1395년에 돌에 새긴 천문도이다. 큰 원 안에는 북극을 중심으로 하여 1,467개의 별들이 밝기에 따라 크고 작은 점으로 아주 정교하게 새겨져 있고 각 별자리의 이름도 기록되어 있다. 북반구에서 볼 수 있는 별이 거의 다 표시되어 있다. 작은 원 안에는 24절기마다 저녁과 새벽에 남쪽에 위치하는 별자리가 있다.

현대의 천문학 지식으로 별자리 연대를 분석해본 결과, 주변부 별자리는 훨씬 오래된 것이지만 중심부 별자리는 14세기 말의 별자리로 보인다고 한다. 오

별자리 광장의 천상열차분야지도.

랜 시간동안 별자리가 이동하여 탁본의 것과 어긋나니 태조 때 비석에 새기면서 한양의 자오선에 맞추어 다시 측정하고 계산해서 차이를 교정한 것이다. 지도 아래쪽에 "판서운관사 류방택이 계산하다"라는 말에서 알 수 있다. 2000년 보현산 천문대에서 발견한 소행성에 "류방택 XC44"라는 이름을 붙였으니 후손들은 별을 돌에 새긴 천문학자를 하늘에 새겨 영원히 기린다. 조선이 아닌 고려의 천문학자로 남기를 원했던 류방택.

류방택이 보았던 별자리와 지금 우리가 보는 별자리는 좀 다르지만 북두칠성 정도는 찾을 수 있다. 천상열차분야지도는 북극에서 하늘을 올려다보며 북반구의 하늘을 그렸다고 생각하면 된다. 하늘을 밟는 기분으로 별자리를 밟으며 북두칠성을 찾는다.

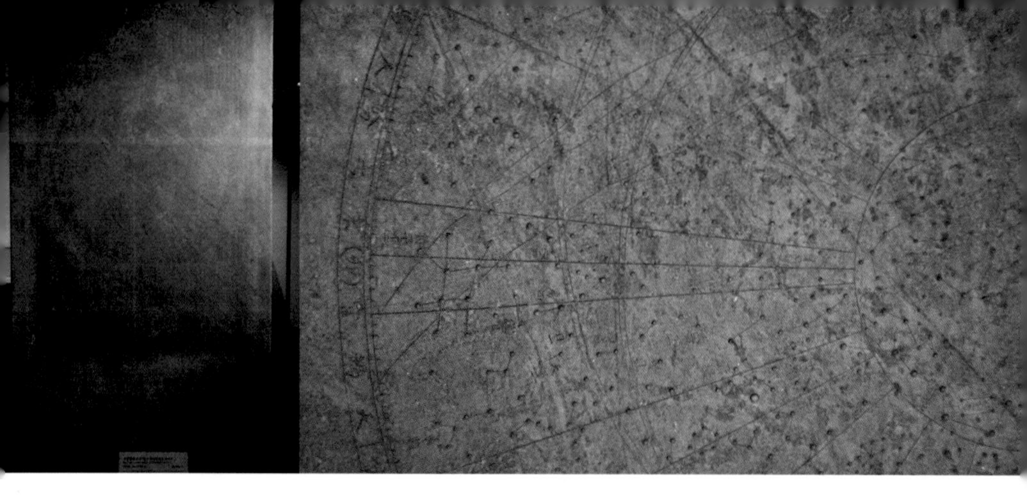

숙종대에 다시 새긴 천상열차분야지도. 태조대의 것이 심하게 훼손되어 1687년 숙종대에 다시 새긴 각석이다(왼쪽 사진). 크고 작은 별, 별자리를 확인할 수 있다(오른쪽 사진).

북두칠성을 밟고 섰는데 저쪽에 뾰족하게 생긴 건물이 눈에 띈다. 반짝이는 벽면이 예사롭지 않다. 가까이 가자 유리로 된 벽면 아래 입구가 있다. 서울에너지드림센터란다. 기울어진 유리벽 건물이 마치 미래세계로 들어가는 느낌을 준다. 에너지 제로 건물. 지열에너지, 태양에너지, 신재생에너지 등 새로운 에너지에 대해 알아볼 수 있는 공간이기도 하다. 전시물을 읽으며 찬찬히 살펴보는데, 저쪽에 아이들이 어울려서 손잡이를 올리고 돌리며 깔깔대는 모습이 뭔가 재미 있어 보인다. 슬쩍 가까이 가보니 수력에너지, 태양력에너지, 풍력에너지 등을 실험해 보는 코너이다. 송풍기 구멍을 바람개비에 맞추고 손발전기를 힘차게 돌린다. 바람개비가 돌아가면서 운동에너지가 전기에너지로 바뀌며 발전량을 LED패널에 숫자로 보여 준다. 아이들이 손발전기를 서로 돌리겠다고 투닥거린다. 아이들 사이에도 에너지가 오간다.

에너지 제로 건물인 서울에너지드림센터. 건물 앞쪽에 태양열을 이용한 휴대폰 충전기가 설치되어 있다. 안쪽 사진은 손발전기를 돌리면 바람의 운동에너지가 전기에너지로 바뀌는 전시물.

2층으로 올라가는 계단 벽에 칼로리 계단이라고 안내문이 있다. 걸어서 계단을 올라가면 10계단에 1.4Kcal, 1분에 12Kcal가 소모된다고 알려준다. ㄷ자 모양의 계단을 다 올라가자 3.08Kcal를 소모했단다. 계단이 몇 개인지 계산하면 열량이 더 소모되겠지?

2층에 들어서니 구멍이 뚫린, 뭔가 재미있는 일이 벌어질 것 같은 전시물이 기다리고 있다. 온실가스를 잡으라는 전시물인데 '에어컨을 펑펑 쓰면?'이라는 구멍에 공을 던져 넣었더니 세 번째 칸으로 굴러 나온다. 에어컨을 펑펑 쓰면 수소불화탄소라는 온실가스가 많이 생긴단다. '소가 방귀를 뿡뿡 뀌면?' 구멍에

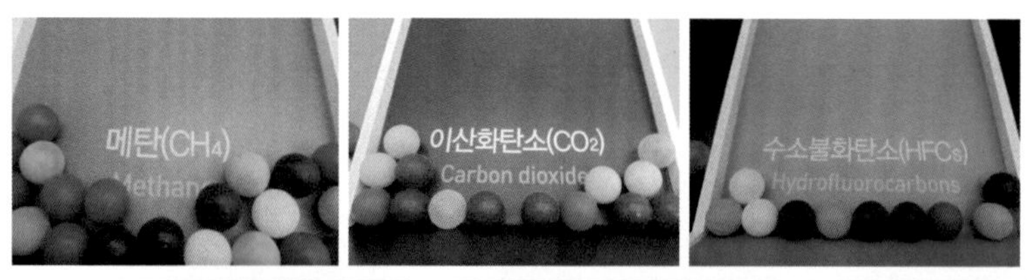

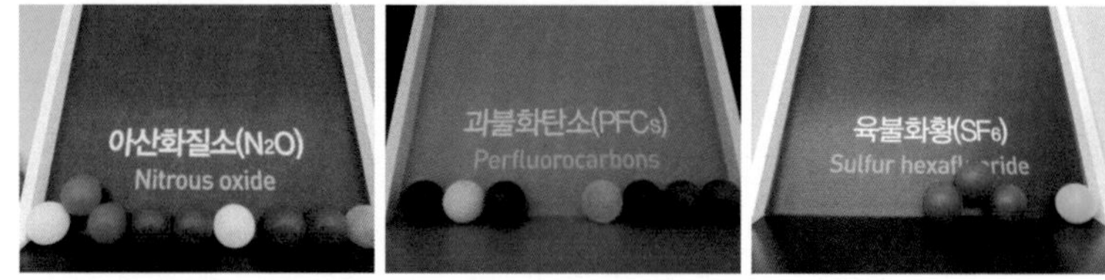

온실가스에 대한 전시물. 구멍에 공을 던져 넣으면 그 상황에서 만들어지는 가스의 이름이 써 있는 칸으로 공이 굴러나온다. 색색의 칸에는 왼쪽부터 6대 온실가스인 메탄, 이산화탄소, 수소불화탄소, 아산화질소, 과불화탄소, 육불화황이 써 있다.

공을 던져 넣으니 튕겨 나온다. 다시 잘 겨냥해서 슛! 잠시 후 공이 첫 번째 칸으로 나온다. 메탄가스가 많이 나온다는 뜻이구나. 온실가스에 대해서 알고 싶은 건지, 공 던지는 재미에 빠진 건지 모든 구멍에 공을 다 던져 넣고서야 만족스럽게 손을 탁탁 턴다. 이 전시물은 온실 가스가 발생하는 6가지 상황에 구멍을 뚫어놓고, 공을 넣으면 상황에 맞는 온실가스의 이름이 적힌 칸으로 나오도록 설계했다. 벽면 뒤쪽에는 온실가스가 발생하는 상황에 맞게 구멍과 칸을 이어 놓은 통로가 있을 것이다. 구멍 하나에 한 개의 칸을 연결했겠지. 그렇다면 이것은 바로 함수이다. 심부름꾼을 정할 때 하는 사다리 타기도 마찬가지이다. 입력 하나에 출력 하나!

지구 온난화는 1824년 프랑스 수학자인 푸리에가 대기의 간섭으로 지구 온도가 상승할 수 있다고 주장하면서 알려지기 시작했다. 이후 여러 학자들이 이산화탄소의 농도가 변하면 기후가 변하고 빙하도 녹을 수 있다는 것을 예상했지만, 대기 중 이산화탄소의 양이 이렇게 빨리 증가하리라고는 생각하지 못했다고 한다. 온실효과를 일으키는 6개 온실가스 중 이산화탄소는 영향력이 가장 낮지만 양이 월등히 많다. 게다가 산업화로 대기 중 이산화탄소의 양이 급속히 증가하고 있기 때문에 지구 온난화 방지를 위해 이산화탄소의 양을 줄이는 것이 매우 시급한 상황이라고 한다. 요즘 공장에서 생산되는 제품에서 'CO_2 115g'과 같은 문구를 볼 수 있다. 그 제품을 만들고 폐기할 때까지, 전 과정에서 발생하는 온실가스의 양을 이산화탄소 양으로 환산하여 기록한 것으로 탄소성적표지제도라고 한다. 한 걸음 더 나아가, 살아가면서 이용하는 모든 것에서 배출하는 이산화탄소의 양도 계산한다. 버스를 이용할 때, TV를 볼 때 우리의 어떤 행위가 얼마만큼의 이산화탄소를 배출하는지 말이다. 눈밭을 걸을 때 발자국이 남는 것처럼 우리는 생활하면서 탄소발자국을 꾹꾹 남기고 있다.

옆으로 돌자 뜬금없이 사자가 말을 건다.

"가뭄 때문에 버펄로들이 영양실조로 면역력이 떨어져 전염병에 걸리는 바람에 버펄로를 잡아먹고 사는 우리들도 병에 감염되고 있어."

카메라 앞에 서면 동물 영상이 내 얼굴 위로 나타나 메시지를 전한다.

카메라 앞에 서자 내 얼굴 위에 사자의 얼굴이 겹쳐지면서 마치 사자가 말을 하는 것 같다. 전 세계 곳곳에서 길고도 혹독한 폭염, 그리고 가뭄과 폭우 등 이상기후가 찾아온 지 벌써 여러 해다. 동물들도 힘들구나. 조금씩 움직이며 어떤 동물들이 나에게 말을 거는지 들여다본다. 초점을 잘 맞추지 않으면 동물 얼굴만 뜨고 말은 하지 않는다. 동물들이 하는 이야기를 들으려면 정성이 필요하다.

지구의 기후를 결정하는 가장 중요한 요인은 태양의 복사에너지이다. 그렇다고 기후가 인간의 영역이 아니라고 생각하면 큰 오산이다. 온실가스가 기후변동의 주요 원인이기 때문이다. 산업혁명 이후 화석연료가 연소하면서 발생한 이산화탄소 등 온실가스로 지구의 평균 기온은 지난 100년 동안(1906~2005) 0.74도 올랐고, 최근 50년 동안은 10년마다 약 0.128도, 최근 25년 동안은 10년에 0.177도씩 오르고 있다고 한다. 기온이 점점 빠르게 상승하는 것도 문제지만 기온과 강수량의 패턴이 변하면서 홍수, 가뭄, 산불 등 큰 규모의 자연재해가 발생하고 있다. 기후를 예측하는 방법 중의 하나가 기후모델이다. 기후모델은 기상관측소에서 기온, 강우량, 풍향, 풍속, 기압, 습도, 일사량 등의 데이터들을 실시간으로 수집하여, 기후에 영향을 미치는 요소들 사이의 복잡한 상호작용을 방정식으로 나타내고, 엄청난 양의 수학적 처리를 통해 기후를 예측하는 시스템이다. 온실가스 배출량을 변화시켜가며 그 영향을 파악하는 연구에 사용되기도 한다.

서울에너지드림센터 앞, 넓은 잔디밭의 조형물이 눈길을 끈다. 16각형 띠 모양으로 생긴 태양전지판 안에 '원전 하나 줄이기'라는 글귀가 적힌 빨간 자동차가 매달려 있다. 1kW가 얼마나 큰 힘인지 보여주면서 전기를 아껴 쓰자고 말하는 캠페인이란다. 허공에 매달린 빨간 자동차 덕분에 전기를 낭비하지 말자는 말이 강렬하게 와 닿는다.

잠시 쉬어갈 겸, 벤치에 앉으려다 휴대폰 충전기를 발견했다. 태양전지판을 설치해서 충전할 수 있게 해놓았다. 계속 사진을 찍느라 배터리가 많이 소모되

서울에너지드림센터 앞에 설치되어 있는 빨간 자동차. 원전 하나 줄이기 캠페인이다.

었는데 마침 잘 되었다. 다리도 쉴 겸 앉아서 충전기에 휴대폰을 꽂는다.

다시 별자리 광장 쪽으로 방향을 틀어 이번엔 하늘공원으로 향한다. 길을 따라 조금 걸으니 하늘공원 월드컵육교가 보인다. 증산로를 건너 하늘공원으로 건너가는 하늘색 아치형 다리이다. 언덕처럼 배가 부른 다리는 바닥이 나무로 되어 있어 한 걸음 한 걸음 옮기는 재미가 있다. 다리를 건너 왼쪽으로 향한다. 길 양쪽으로 나무들이 빽빽하게 서 있는 일차선 아스팔트길을 따라 천천히 걷는다. 키 작은 나무 사이로 한강이 보일 무렵, 오른쪽으로 하늘공원 입구가 나타난다.

하늘공원으로 올라가는 길은 빠른 걸음으로 걷기에는 경사가 좀 있다. 천천히, 하늘까지 올라간다는 마음으로 느긋하게 걷는데, 알록달록 자전거를 탄 무

리가 오르막길을 오른다. 페달을 돌리는 다리가 무거워 보이지 않는 건 기어를 내린 덕분이겠지.

어렸을 때는 자전거가 너무 크고 무거워서 탈 엄두가 나지 않았다. 그때는 잘 몰랐지만 당시 자전거에는 기어도 없었다. 로드냐 MTB냐, 자전거 종류에 따라서 기어 단수나 톱니의 개수가 다르긴 하지만 이제는 기어 덕분에 자전거를 편하게 탈 수 있다. 평지에서 고속으로 달릴 때는 기어를 높은 단에 놓고 비탈길을 오를 때는 기어를 저단에 놓으면 된다. 그러니 긴 오르막을 오를 때는 기어를 저단으로 내리고 호흡을 규칙적으로 하면서 페달을 돌리자.

수학속으로 8 자전거를 타고 하늘공원으로

자전거를 타고 평화의 공원이나 메타세콰이어길을 달리는 일은 신나고 시원하다. 그런데 하늘공원을 오른다면? 기어를 어떻게 맞춰야 힘들이지 않고 오르막길을 쉽게 오를 수 있을까?

자전거에는 톱니 모양의 기어가 두 군데 있다. 페달에 연결된 기어를 체인링, 뒷바퀴에 있는 기어를 카세트 스프라켓(sprocket)이라고 한다. 예를 들어 27단 MTB의 톱니 수가 다음과 같은 경우를 알아보자. 27단이라고 하면 체인링이 3장, 스프라켓이 9개인 경우를 말한다(3과 9를 곱하면 27이다). 체인링과 스프라켓 모두 자전거 프레임에 가까운 쪽부터 1단이라고 하는데, 체인링은 바깥으로 갈수록 커지고, 스프라켓은 바깥으로 갈수록 작아진다.

톱니 수(T)	1단	2단	3단	4단	5단	6단	7단	8단	9단
앞 기어	22	32	44						
뒷 기어	34	30	26	23	20	17	15	13	11

※T는 톱니(tooth)의 첫 글자이다.

자전거 페달을 돌리면 체인링의 톱니가 체인을 회전시키고 다시 체인이 스프라켓의 톱니를 돌려 뒷바퀴가 따라 돌아간다. 앞바퀴는 방향을 조절하는 역할만 하며, 자전거가 앞으로 가는 힘은 페달–체인링–체인–스프라켓–뒷바퀴의 순으로 전달된다. 따라서 페달을 한 바퀴 돌릴 때 앞뒤 두 개의 기어 비(이하 체인링은 앞, 스프라켓은 뒤)에 따라 속도가 결정되고, 얼마나 힘이 드는지도 결정된다.

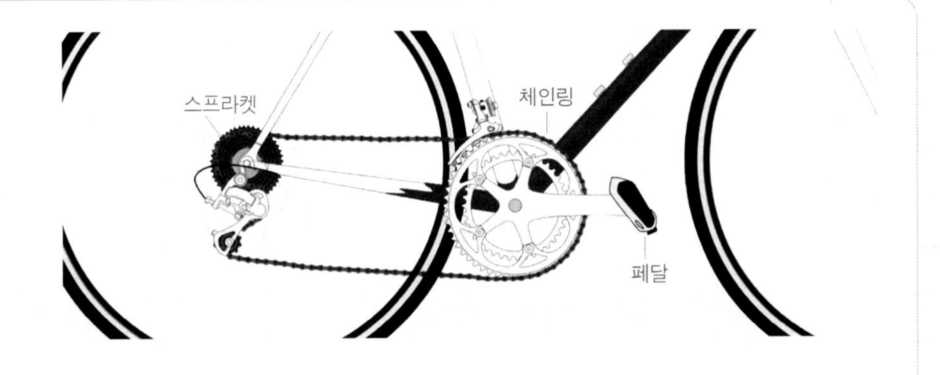

예를 들어, 앞을 3단(44T)으로 하고 뒤를 9단(11T)으로 하면 기어 비는 44/11=4가 된다. 이 말은 페달을 1바퀴 돌릴 때 뒷바퀴가 4바퀴 돈다는 뜻이다. 이런 기어는 평지에서 고속으로 달릴 때 사용하는데, 이미 속도가 상당히 나고 있기 때문에 페달이 무겁게 느껴지지 않는다. 그러나 이렇게 오랫동안 달리거나 오르막이 나타나면 페달이 매우 무겁게 느껴져 단을 내리게 된다. 이 상태에서 뒤를 7단(15T)으로 내리면 기어 비는 44/17=2.93이 되어 페달을 1바퀴 돌릴 때 뒷바퀴가 2.93바퀴 도는 셈이 되어 훨씬 힘이 덜 든다. 물론 속력은 조금 떨어진다.

하늘공원으로 올라가는 오르는 길에서는 (자전거를 타는 사람의 체력에 따라 다르기는 하지만) 앞을 2단(32T), 뒤도 2단(30T)으로 하여 기어 비를 32/30=1.07정도가 어떨까, 심한 오르막은 앞뒤 모두 1단으로 하여 기어 비를 22/34=0.65로 하기도 한다. 물론 기어 비가 작을수록 힘이 덜 드는 대신 속도는 떨어진다. 그러나 오르막에서 속도는 중요하지 않다. 자전거를 타는 사람들에게는 걷는 것보다 느리더라도 내리지 않고 끝까지 올라가느냐가 중요한 문제이다.

하늘공원 가장자리에 풍력발전기가 설치되어 있다.

바람이 에너지로 변하는 하늘공원

하늘공원에 들어서면 넓은 초원이 펼쳐진다. 풀 사이로 난 오솔길을 따라 걸으며 주위를 둘러본다. 서울 한복판, 하늘과 맞닿은 들판은 색다른 풍경을 보여준다. 곳곳에 예쁜 색깔의 꽃과 갖가지 풀, 그리고 초록 들판 위로 반구형의 하늘 담은 그릇이 놓여 있고, 성산대교쯤에서 보았던 풍력발전기들이 천천히 돌아가고 있다. 풍력발전기는 불어 오는 바람을 전기에너지로 바꾸는 장치이다. 대관령이나 바닷가처럼 바람이 많이 부는 곳에서나 볼 수 있다고 생각했는데 도심 한복판의 풍력발전기라니. 한강에서 불어오는 바람은 초속 3~4m 정도.

하늘공원을 걸으면 마치 넓은 들판을 걷는 듯하다.

풍력 발전에 적당한 바람의 속도는 초속 10m라니 약하긴 하다. 그래도 이곳에서 생산한 전기로 하늘공원의 가로등과 탐방객 안내소를 밝힌다고 한다. 바람의 운동에너지가 날개를 돌려 회전에너지로, 회전축을 통해 다시 전기에너지로 바뀌면서 땅속에 연결된 전선을 통해 변전소로 흘러간다. 그래서 풍력발전기에서 만들어지는 에너지는 날개가 회전하면서 만드는 원의 넓이에 비례(날개 길이의 제곱에 비례)하고 바람의 속도의 세제곱에 비례하게 된다. 눈앞에 있는 저 풍력발전기 날개의 길이는 4.4m, 제주 앞바다에 있는 것은 34m이니 출력 차이는 엄청날 것이다.

지금껏 우리가 사용해온 에너지의 대부분은 화석에너지이다. 땅에 묻힌 동식물의 유해가 오랜 세월 동안 화석화되어 만들어진 석탄, 석유 같은 에너지를 말한다. 화석에너지는 기본 성분이 대부분 탄소이기 때문에 지구 온난화의 주범인 이산화탄소를 배출한다는 문제점이 있다. 다행인지 불행인지 석탄, 석유의 매장량이 고갈되면서 수력에너지는 물론 폐기물에너지, 태양에너지, 풍력에너지 등 새로운 에너지의 비율이 점차 높아져 가고 있다. 천천히 돌아가는 풍력발전기를 보며 부드러운 이불처럼 온몸을 감싸는 바람에 몸을 맡긴다.

긴 하루가 저문다. 쨍쨍하던 햇볕이 기운이 다한 듯 스러지고 있다. 해 질 녘에는 공기도 무거워진다. 어둠 속으로 들어갈 준비라도 하는 듯 서쪽 하늘이 점점 붉어진다. 하늘공원에서 바라보는 노을은 과연 장관이다. 등 뒤로는 널찍한 들판이, 앞으로는 시원하게 트인 전망, 아래에는 한강이 붉은 노을빛을 머금고 흐른다.

잠깐, 그런데 노을은 왜 붉은 걸까?

하늘공원의 하늘을 담은 그릇 조형물. 하늘을 거니는 기분으로 조형물 위를 걸어 보자.

먼 길을 날아온 태양 빛은 지구로 들어오면서 대기를 통과해야 한다. 이때 공기 입자나 먼지와 부딪혀 빛이 사방으로 불규칙하게 흩어지는데, 이것을 산란이라고 한다. 그런데 광선은 파장에 따라 산란이 많이 되기도 하고 적게 되기도 한다. 아래 그림을 보자.

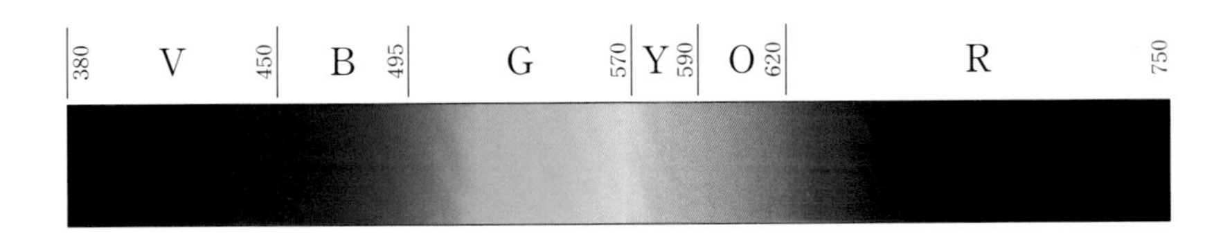

가시광선은 무지개에서 볼 수 있듯 색깔이 있다. 우리는 보통 파장이 450nm 정도로 짧을 때 파란색으로 인식하고 파장이 620nm 정도로 길 때 붉은색으로 인식한다. 저녁때는 빛이 비스듬히 들어오므로 낮보다 태양과 지표면의 거리가 길어진다. 빛이 우리 눈에 들어오기 위해서는 더 많은 대기층을 통과해야 한다는 말이다. 파장이 짧은 파란 광선은 입자들과 충돌하는 비율이 높아 많이 산란되지만 파장이 긴 붉은 광선은 그 비율이 낮아 적게 산란되어 멀리까지 올 수 있다. 이 때문에 저녁 무렵에는 파장이 긴 붉은 광선이 우리 눈까지 도달하여 저녁 노을은 붉은색으로 보인다.

그러나 모든 행성에서 노을이 붉지는 않다. 빛의 산란 정도는 대기 중의 입자의 크기에 영향을 받기 때문에 화성에서는 노을빛이 푸르다. 반면 달에는 대기층이 없어서 빛의 산란이 일어나지 않아 낮이고 밤이고 하늘이 검다.

이제 내려갈 시간이다. 천연덕스럽게 노을을 덮어 버린 잿빛 하늘처럼, 나 역시 태평하게 계단으로 발길을 옮긴다. 계단은 멀리서 보면 지그재그 모양으로 꼭대기까지 이어져 있다. 올라올 엄두는 나지 않지만 내려갈 때는 풍경도 볼 겸 계단을 선택했다. 걸음을 옮기며 생각한다. 이렇게 걷는 힘도 에너지로 바꿀 수 있으면 얼마나 좋을까. 공해도 일으키지 않고 고갈될 일도 없는 새로운 청정에너지가 될텐데.

아, 그러고 보니, 인간이 만드는 에너지도 있다. 인간이 존재한 이래로 내내 써 왔던 에너지, 자전거는 인간을 동력으로 하는 훌륭한 이륜차 아닌가. 예전에 자전거를 타고 하늘공원, 노을공원에 올랐던 때가 기억난다. 한강 자전거 길을 따라 달리다가 성산대교를 건너 턱밑까지 차오르는 가쁜 숨을 내쉬며 올라

풍력발전기 오른쪽으로 하늘공원에서 내려오는 계단이 보인다.

와 탁 트인 풀밭을 보았을 때 가슴이 얼마나 시원했는지, 평상에 누웠을 때 바람이 얼마나 시원했는지 기억난다. 바람이 에너지를 만들어내듯 나도 내가 만들어낸 에너지로 지그재그 긴 계단을 내려온다.

수학속으로 9 해가 뜨는 시각, 지는 시각은 어떻게 정할까?

기상청은 매일 해가 뜨고 지는 시각을 발표한다. 그런데 하늘공원에 올라 노을을 보면 해가 진다는 시각보다 늦게까지 빛이 남아 있어 해가 꼴깍 넘어가는 걸 보고도 랜턴없이 힘들이지 않고 내려올 수 있다. 마찬가지로 새벽에도 해가 뜬다는 시각보다 먼저 주변이 환해진다. 그렇다면 해가 뜨고 지는 시각은 어떻게 정하는 걸까?

내가 자전하는 지구 위에서 태양의 어느 쪽에 위치하느냐에 따라 낮과 밤이 결정된다. 계절에 따라 낮과 밤의 길이가 달라지는 것은 지구가 23.5도 기울어진 채 자전하면서 태양 주위를 돌기 때문이다. 우리의 삶이 심심하지 않고 변화무쌍한 것도 어쩌면 기울어진 지구 때문일지도 모르겠다.

그렇다면 일출 시점은 어떻게 정할까? 내가 있는 곳이 밤이었다가 낮이 된다는 것은 태양 빛이 비추지 않다가 비춘다는 말이다. 그 과정을 그림으로 살펴보자.

지구 위에 서 있는 나를 분홍색 막대로 나타냈다. 지구가 자전함에 따라 나의 위

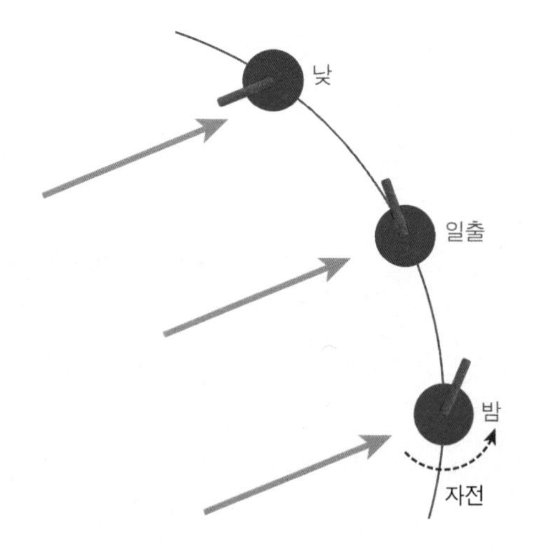

치는 그림과 같이 바뀐다. 밤에는 태양 빛이 닿지 않는 곳에 있다가 낮에는 태양 빛이 닿는 곳에 있게 되는데, 그 중간에 나와 태양 빛이 수직이 될 때가 있다. 바로 그때가 해가 뜨는 시각이다. 수학적으로 표현하면, 지구에 수직인 벡터와 태양 빛을 나타내는 벡터가 수직을 이룰 때이다. 마찬가지로 낮에서 밤으로 갈 때도 두 벡터가 수직이 되는 때가 있는데, 그때가 해가 지는 시각이다. 따라서 두 벡터가 수직을 이룬다는 식에서 정확한 시각을 구할 수 있다.

과거와 현재의 대응, 선유도

기하학의 보고, 여의도

한강

한강은 늘 우리 곁을 흐르고 있지만 그 모습은 엄청나게 바뀌었다. 비가 많이 오면 범람하기도 했지만 반짝이는 백사장이 있던 강에서 사람들은 물을 길어 먹고 자맥질을 했다. 밀물 때면 물고기들이 바닷물을 타고 올라오던 강은 이제 상류와 하류 양쪽을 보로 막아 거대한 어항이 되고 말았고, 바닥을 긁어내 깊어진 강에는 유람선이 떠다니고 강가엔 콘크리트 제방이 들어섰다. 그 옆으로 난 올림픽도로, 강변북로에는 밤낮없이 사람과 물자를 실어나르는 차들이 분주하기만 하다. 얻은 게 있으니 잃는 것도 있어야 하나. 시골길을 걷다 잠시 내려가 발을 담글 수 있는 강, 낭만을 찾을 수 없는, 일상을 떠난 한강이 아쉽고 슬프기만 하다.

세계에서 한강처럼 강 양쪽을 잇는 다리가 많은 강도 없다. 덕분에 우린 강남과 강북이 물리적으로 떨어져 있다는 생각을 하지 못하지만 경제적 · 문화적인 격차는 한강의 폭만큼이나 크게 느껴진다. 강남과 강북을 잇는 다리, 그 어디쯤에서 격차가 시작되는 걸까.

여의도 물빛광장에 앉아 인어공주 뒤편으로 넘실대는 검은 물결과 마포대교 위를 달리는 차들이 만드는 하얀 빛, 붉은 빛 선들을 보고 있으면 인어공주가 두둥실 떠올라 공기의 정령들을 만나듯 어디론가 다른 세계로 떠나온 것 같다. 300년 동안 착한 일을 하면 강남 강북의 격차가 해소될까,

콘크리트 제방이 곳곳에 풀들이 빽빽하고 모래사장이 빛나는 강변으로 바뀔까. 선유도를 보면 그런 꿈을 꾸어도 될 것 같다. 백 년 전의 아름다운 봉우리와 소나무들은 사라졌지만 사람들에게 여유를, 맑은 기운을 주는 공간으로 다시 태어난 선유도.

선유도를 나와 따릉이를 타고 여의도로 온다. 여의도한강공원을 한 바퀴 걸으며, 쉬며, 살핀다. 한강이 어떻게 변했는지, 한강은 어떤 수학 원리를 숨기고 있는지, 바퀴는 왜 둥근지, 사람 걸음걸이를 분석할 때 어떤 대칭이 쓰이는지, 저런 모양을 분석할 때는 위상수학이 좋을지 유클리드기하학이 좋을지 천천히 살피며 걷는다. 물결만큼 천천히 걸으며 살핀다.

1 선유도

한강을 옆에 끼고 모래사장 위에 기암괴석으로 아름다웠던 선유봉은 제 몸을 깎아 석재로 내주고 고립된 섬이 되었다. 정수장 시설로 쓰이다가 공원으로 바뀌면서 환경교육의 장이자 시민들의 휴식처가 되었다.

2 밤섬

50여 년 전 한강 물을 길어 마시며 사람들이 살았던 곳이었으나 지금은 갈 수 없는 섬, 덕분에 철새, 물새와 다양한 식물의 천국이 되었다.

3 여의도한강공원과 물빛광장

여의도를 한 바퀴 도는, 8km가 넘는 공원이다. 한강 쪽으로는 물과 잔디밭이, 여의도 샛강 쪽으로는 자연스런 녹음이 있다. 여름철 물빛광장에는 아이들이 가득하고 양쪽으로 그늘막이 끝도 없이 펼쳐진다. 한강 쪽 끝에 인어공주 동상이 물빛광장을 바라보며 있다.

4 여의도공원

고층빌딩이 꽉 들어찬 여의도를 가로지르며 누워 있는 여의도공원. 남서쪽에는 자연생태의 숲이 있고 널찍한 문화의 마당도 있다. 키 큰 나무가 우거진 숲길을 걷다 보면 세종대왕 동상에 이어 연못에 이른다. 정자에서 잠시 쉬었다 가는 건 어떨까.

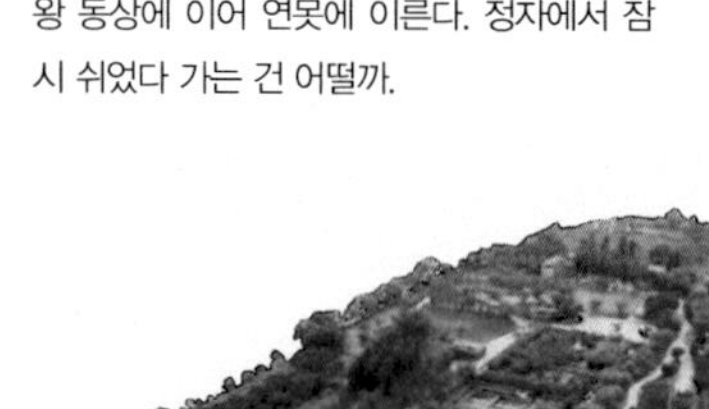

5 여의도 비행장 역사의 터널

한때 여의도에 비행장이 있었다는 기억을 되살릴 수 있는 곳. 일제 강점기, 경성에서 조선인 최초로 비행을 하고, 비행학교를 만들어 독립운동에 힘썼던 사람을 기려 보자.

6 세종대왕 동상

세종시대는 한글, 칠정산내외편, 혼천의, 앙부일구, 측우기, 자격루 등 많은 업적을 일구어 낸 조선의 르네상스였다. 세종과 그가 등용한 학자와 과학자들의 업적을 살펴보자.

7 문화다리

영등포에서 여의도로 들어설 때 오른쪽으로 보이는 다리. 직선 모양의 케이블들이 모여 새 두 마리가 날아오르는 형상을 만든다.

8 여의도한강공원 야시장

매주 금요일, 토요일에 열리는 야시장. 마포대교 아래 여의도한강공원에서 만날 수 있다. 각종 수공예품과 먹거리로 한강공원의 밤풍경을 더욱 다채롭게 만들어준다.

선유도	밤섬	여의도한강공원 물빛광장
예전의 정수 시설을 이용해서 만든 정원과 놀이기구를 수학적으로 해석해보자. 물의 오염 정도는 어떻게 분석하는지, 수질정화 식물은 어떻게 물을 맑게 하는지 선유도에서 그 답을 찾아보자.	1968년, 사람들은 밤섬을 폭파했다. 수면 아래로 잠긴 밤섬은 사람들이 잊고 사는 동안 6배가 커졌을 뿐만 아니라 생태계의 보고가 되어 돌아왔다. 밤섬에 도대체 무슨 일이 있었던 걸까?	물빛광장의 사각형 디딤돌은 이쪽에서 볼 때는 직사각형, 저쪽에서 볼 때는 평행사변형으로 보인다. 이 현상을 어떻게 설명할 수 있을까?

여의도공원

여의도한강공원과 여의도 공원을 이어주는 터널에서 일제 강점기에 하늘을 날아올랐던 안창남을 기억해 보자. 또 세종대왕 동상을 둘러싼 조형물을 보며 세종 시대 눈부시게 발전했던 과학의 역사도 음미해 보자.

문화다리

직선 다발들이 곡선으로 보이는 이유는 무엇일까? 직선들이 모여서 쌍곡선, 타원과 같은 곡선뿐만 아니라 날아가는 새 모양도 만들어낸다.

여의도한강공원 야시장

야시장에서 먹거리를 사 들고서 검은 물과 띄엄띄엄 켜진 불빛들이 펼치는 야경을 즐겨 보자. 빛이 만드는 그림자의 원리도 찾아보자.

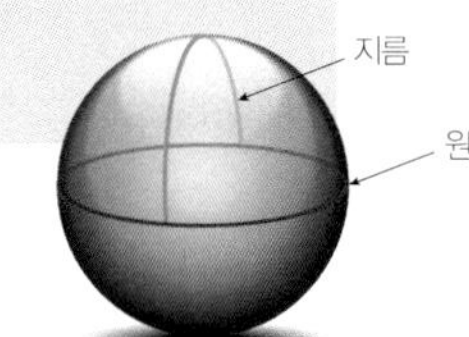

과거와 현재의 대응, 선유도

광활한 모래사장 위에
우뚝 솟은 선유봉

굽이치는 황톳빛 강물이 낯설다. 얼마 전까지 쏟아져 내린 비가 한강 물 높이를 껑충 올려 놓았다. 넘실대며 흘러 가는 모양새를 보고 있자니 살짝 겁이 난다. 양화대교 중간에서 버스를 내려 선유도공원으로 들어선다.

입구를 지나 들어서니 잠자리들이 춤을 추며 반겨준다. 아직 한낮의 햇볕은 뜨겁고 녹음도 짙지만, 잠자리들의 활공을 보니 가을이 성큼 다가왔나 보다.

관리사무소를 빙 돌아가니 방문자센터다. 선유도공원이 정수장이었던 시절, 여과지가 있던 시설을 개조한 건물로 내부에는 한강의 역사와 정수장 시설을 설명한 전시물들이 있다.

조선 시대 선유도는 섬이 아니라 육지와 이어진 해발 40m 정도의 봉우리였단다. 섬이 아니었다는 말에 눈을 동그랗게 뜬 나를 본 듯, 방문자센터 바깥 벽에는 서울의 옛지도를 설치해 두었다. 당시 선유봉우리가 빨간 점선으로 표시되어 있다. 조선시대 기록에 따르면 양화나루 뱃놀이가 꽤나 유명했던 모양이다. 중국 사신들도 꼭 들러가는 장소였다니 말이다.

방문자센터. 정수장 시절, 여과지가 있던 시설을 개조하였다. 내부에는 한강의 역사, 정수장 시절의 시설 등에 대한 설명이 있다.

넉넉하게 흐르는 강물과 광활한 모래사장, 들고나는 황포돛배, 그렇지만 이것만으로 절경의 이름을 얻기에는 부족하다. 양화나루 풍광의 완성은 강 양쪽에 우뚝 솟아오른 선유봉과 잠두봉이다. 아쉽게도 이젠 겸재 정선이 남긴 그림에서나 이런 정취를 만날 수 있다.

겸재 정선의 「선유봉」. 모래사장 위에 우뚝 솟은 선유봉의 모습이 절경이다

1740년대 겸재는 양천 현감으로 있으면서 한강 그림을 많이 그렸다. 「선유봉」에는 지금은 찾아볼 수 없는 봉우리들이 생생하다. 소나무를 머리에 얹은 봉우리, 소나무가 무리 지어 늘어선 산자락, 넓게 펼쳐진 모래사장에는 뱃놀이를 하려는지 사람들이 모여 있다. 높고 낮음, 넓고 좁음이 어우러져 만들어내는 풍취가 고즈넉하다.

돌고래는 고향으로
돌아가지 못하고

선유봉부터 정수장 시절까지, 선유도의 역사를 끄덕끄덕하며 읽어가다가 눈이 번쩍 뜨였다. 한강 하구에서 가끔 발견된다는 돌고래, 길이 2m가 안되는 멸종위기종 상괭이가 죽은 채 발견되었단다. 바다에 사는 상괭이는 왜 한강에서 죽었을까? 그 이유는 물속에 설치된 보 때문이다.

한강은 강원도 태백의 검룡소에서 발원하여 동쪽에서 서쪽으로 흘러 흘러 바다로 나아간다. 그런데, 밀물 때가 되면 강이 거꾸로 흐르는 현상을 볼 수 있다. 인천 앞 바닷물이 김포를 거쳐 서울 인근까지 밀려 들어오기 때문이다. 바닷물과 민물이 만나는 한강 하구의 생태계는 그야말로 물고기들의 천국이다. 김포에 신곡수중보가 설치되기 전에는 서해 연안에 사는 상괭이들이 밀물과 함께 서울로 거슬러 올라오기도 했단다.

000년 선유도에 정수장 시설이 들어차 있다.

1988년 서울올림픽을 앞두고 한강에 유람선을 띄우기로 했다. 한강의 수심을 일정하게 유지하기 위해서 강 동쪽에 잠실수중보, 강 서쪽의 김포대교 남단에 신곡수중보가 설치되었다. 신곡수중보는 높이가 5~6m로 밀물 때는 보를 살짝 넘어 바닷물이 밀려들지만 보통 때는 강물을 가로지르는 보가 물 밖에서도 보인다. 어쩌다 신곡수중보를 넘어온 상괭이는 강물보다 높은 보에 막혀 바다로 돌아가지 못한 것이다.

바닷물과 민물이 섞이는 한강 하구는 생태계의 천국이지만 두 개의 콘크리트 보로 막힌 한강 구간은 어항이다. 강변을 내려다보면 녹조류가 번성해 녹조라테라는 말이 실감난다. 보가 설치되면서 강물의 흐름이 느려진 탓이다. 신곡보의 하류에는 녹조가 발생하지 않고, 잠실보 쪽 역시 상류가 하류보다 수질도 좋고 생화학적 산소요구량(BOD) 역시 등급이 높다고 한다. 보를 허물어 갇힌 한강 물을 흐르게 하자는 말이 나올만하다. 실제로 보를 열고 1년 동안 수질 점검을 한 결과, 녹조라테를 일으킨 조류 농도가 현격히 줄고 모래톱도 회복되는 결과가 나타났다는 보고도 있으니 기대해볼 만하겠다.

옹벽에 둘러싸인 정수장에서 생태공원으로

전시물을 쭉 읽다 보니 선유봉의 사연도 바다로 돌아가지 못한 상괭이의 죽

방문자센터 앞 수질정화원. 사각형으로 나뉜 수조마다 서로 다른 수생식물이 수질을 정화하고 있다.

음만큼이나 애처롭다. 신선이 노니는 곳이라는 이름의 선유봉의 시련은 1925년 '을축년 대홍수'로 시작되었다. 홍수 대비 제방을 쌓기 위해 선유봉의 암석을 채취하기 시작해 여의도에 비행장이 들어서면서, 강변에 제방 도로를 만들면서, 올림픽대로를 닦으면서 깎여 나갔다. 흔적을 찾아볼 수 없을 정도로 밋밋해진 선유봉은 버려진 땅, 선유도가 되었다. 그후 1978년 선유도에는 서울시민이 마실 물을 정화하는 정수장이 들어섰다. 그리고 이제 우리가 만나는 선유도는 생태공원으로 다시 태어난 모습이다.

방문자센터를 나오니 수질정화원이 있다. 정수장 시절에는 큰 알갱이를 바닥에 가라앉히는 침전지였다고 한다. 침전지 구조물을 개조한 여러 개의 계단식 수조가 보인다. 온실 바로 앞쪽의 수조에는 잎자루가 공처럼 부푼 부레옥잠, 코스모스처럼 하늘거리는 붕어마름(금붕어풀이라고도 부른다), 잎에 털이 많은 생이가래, 잎이 마름모꼴인 마름이 자리잡고 있다. 수조에는 훨씬 많은 풀들이 있는데 모두 물을 정화하는 수생식물이라 한다. 초록빛이 모두 다 싱싱하고 어여쁘다.

한강전시관 앞의 경사진 마당에는 녹슨 강판이 낮은 돌담처럼 세워져 있다. 그 위에 세월의 흔적처럼 덮인 낙서를 보는 재미도 쏠쏠하다(왼쪽 사진). 한강전시관 입구에는 현란하게 꾸며진 피아노가 있다. 오고가는 아이들이 피아노를 치며 즐긴다(오른쪽 사진).

약품을 사용하는 정수장은 사라졌지만 수생식물을 이용해서 물을 정화하는 과정은 볼 수 있다. 북쪽 강변, 세 개의 커다란 원통형 물 저장탱크에서 흘러나온 물은 온실과 수질정화원으로 흐른다. 섬 전체에 계단식으로 수조를 설치하여 물이 자연스럽게 아래로 흘러간다. 수질정화원의 물을 따라 거북이 등딱지처럼 생긴, 작은 돌로 된 수경시설을 지나니 경사진 마당이 나온다. 녹슨 강판이 나지막한 돌담같다. 강판을 빼곡하게 덮은 낙서가 자연스럽게 덮인 녹만큼이나 정겹다.

섬 한가운데, 붉은 벽돌 건물의 한강전시관, 그 앞에 고결한 자태를 뽐내며 서 있는 나무들은 자작나무임에 틀림없다. 자작자작 소리를 내며 탄다는 자작나무는 껍질이 백색이고 쭉쭉 곧게 뻗어 기품이 느껴진다. 단단하기까지 해서 많은 사람들이 영험한 나무라고 신성시하였다니 더욱 멋져 보인다.

한강전시관 입구의 피아노를 올망졸망 둘러싼 아이들을 보자 마음이 흐뭇해져 저절로 발걸음이 옮겨졌다. 피아노를 치는 아이와 피아노에 칠해진 무늬를 만져보는 아이, 피아노를 치려고 기다리는 아이, 모두 선유도에서 좋은 추억을 연주하는 중이다.

선유도에서 만나는 음계

흰색, 검은색 건반을 부드럽게, 때로는 격정적으로 오르내리는 손가락의 춤사위가 아름답다. 흰색, 검은색 건반은 각각 온음, 반음을 알려준다. 줄의 길이를 절반으로 하면 원래의 소리와 아주 비슷한 음이 난다는 사실을 동양에서는 기원전 7세기, 서양에서는 기원전 5세기에 알았다. 인간의 귀는 이를 원래보다 높은 음이라고 받아들인다. 줄의 길이와 진동수는 서로 역수의 관계이므로 줄의 길이가 1/2이 되면 진동수는 2배가 되는데, 이 두 음정의 간격을 옥타브라고 부른다. 이 말은 원래 음과 진동수가 2배가 된 음 사이를 도레미파솔라시의 7음으로 나눌 때 다음번 도는 원래 도에서 8번째 음이라는 뜻으로 8번째를 의미하는 라틴어 octavus에서 유래한 말이다.

우리에게 익숙한 건반악기, 피아노가 만들어진 시기는 17세기 후반으로 빠르지 않다. 그 이전의 대표적인 건반악기는 하프시코드 또는 쳄발로였다. 하프시코드는 사람이 건반을 누르면 건반에 연결된 줄이 뜯겨 소리가 난다. 마치 기타처럼. 그래서 하프시코드는 줄의 길이와 음 사이의 관계를 정직하게 보여준다. 그랜드 피아노처럼 생긴 하프시코드의 뒤쪽 줄을 보면, 길이가 다양하다. 대부분의 하프시코드는 4옥타브로 만드는데, 4옥타브의 음을 내려면 한 옥타브마다

하프시코드는 줄을 뜯어 소리를 내는 건반악기이다. 한 옥타브마다 줄의 길이가 2배씩 차이나야 하므로 4옥타브로 구성된 하프시코드의 줄의 길이는 16배까지 길어져야 한다.
왼쪽 그림은 4옥타브의 '도' 음을 내는 줄(파란색)의 길이를 나타낸 것이다. 이 때문에 하프시코드의 뒷부분은 지수함수 그래프 모양의 아름다운 곡선이다.

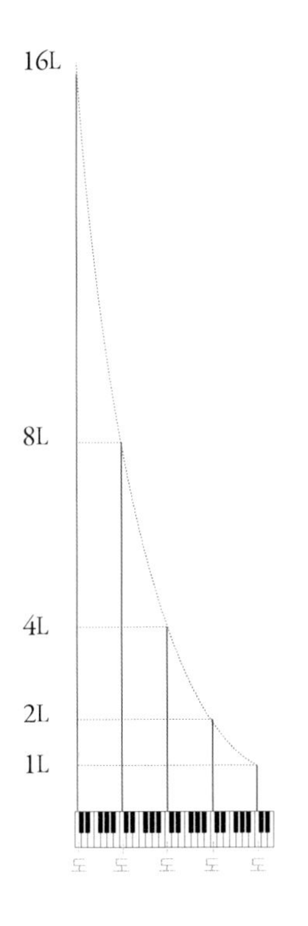

진동수가 2배씩 높아져야 하므로 줄의 길이는 1/2배씩 짧아져야 한다. 가장 높은 '도'음을 내는 줄의 길이를 L이라고 할 때, 한 옥타브 낮은 '도' 음을 내는 줄의 길이는 2L, 그다음은 4L, 그다음은 8L, 가장 낮은 '도' 음을 내는 줄의 길이는 16L이 되어야 한다. 줄의 길이가 지수함수를 따라 길어진다.

피아노는 보통 7옥타브 이상으로 만들어지는데, 만약 피아노가 하프시코드처럼 줄을 뜯어 소리를 낸다면, 피아노의 줄은 얼마나 길어야 할까? 7옥타브면 가장 짧은 줄의 길이를 $1L=2^0L$이라고 하면 가장 긴 줄의 길이는 2^7L, 즉 128배라는 어마어마한 길이의 줄이 필요하게 된다. 물론 피아노에 이렇게 긴 줄은 없다. 그렇다면 피아노는 어떻게 소리를 낼까? 줄을 이용해서 소리를 내는 것은 하프시코드와 마찬가지이지만, 방법이 다르다. 피아노는 줄을 해머로 두들겨 소리를 낸다. 줄의 길이를 2의 거듭제곱으로 길게 하는 대신 줄의 재질, 굵기, 선밀도, 장력 등 다른 방법으로 음의 높낮이를 제어한다는 정도로 알아두자.

피타고라스의 음계, 정수의 비로 만든 음계

한 옥타브를 7음계, 더 정확히는 온음 사이마다 반음을 넣어(도#, 레#, 파#, 솔#, 라#) 12반음계로 만든 이유나 기원은 알려져 있지 않다. 피타고라스 학파는 진동수의 비가 정수의 비, 특히 작은 정수 1, 2, 3의 비일 때 그 화음이 더할

나위 없이 아름답다고 생각했다. 그 결과 진동수의 비가 3:2, 즉 3/2인 경우를 완전 5도라고 부르며 매우 중요시하여, 진동수가 기준음의 3/2이 되는 음을 한 옥타브 안에 연속적으로 만들어내면서 음계를 완성했다.

지금 우리가 사용하는 음계도 이 방법에 바탕을 둔 것이다. 그런데 다시 한번 생각해 보자. 잘 만들어진 음계라면 낮은 도에서부터 일정하게 반음씩 올라가 높은 도가 되어야 한다. 즉 반음씩 12번 올라갈 때마다 진동수가 똑같은 비율로 커져야 한다. 이 비율을 r라고 하면 $r^{12}=2$가 되어야 한다. $\sqrt{2}$가 무리수이듯이 이 수 r도 무리수이다. 다시 말해서 유리수 중에는 12번 곱해서 2가 되는 수는 없다는 말이다.

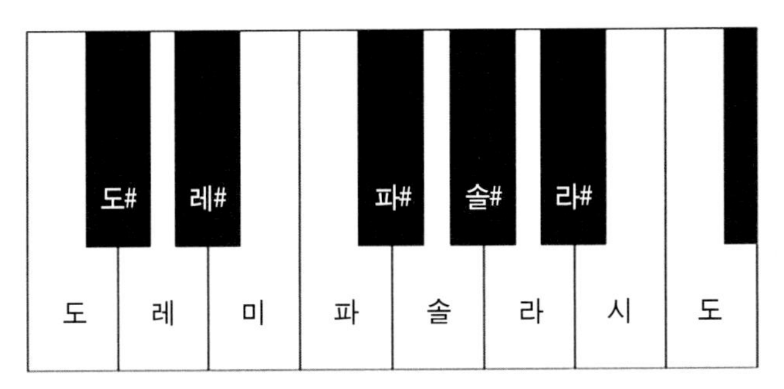

한 옥타브 안에서 미파, 시도는 반음, 나머지는 온음이다. 연이은 온음 사이에는 검은 건반을 두어 반음을 넣어 12음계를 완성했다.

그러니 당연히 정수의 비로 만든 저 피타고라스의 음계에서 반음은 모두 똑같은 반음이 아니다. 피타고라스의 방법으로 12음계를 만들면 진동수가 아래와 같다. 이를 순정률이라고 한다. 도와 도 # 의 비는 1.0535이고 도 # 과 레의 비는 1.0679이다. 도에서 레까지 올라갈 때 정확히 반씩 올라가지 않았다는 뜻이다. 그러면 반음 올라간 도 # 과 반음 내려온 레 b 은 같을까?

진동수	1	$\frac{256}{243}$	$\frac{9}{8}$	$\frac{32}{27}$	$\frac{81}{64}$	$\frac{4}{3}$	$\frac{729}{512}$
계이름	도	도 #	레	레 #	미	파	파 #

진동수	$\frac{3}{2}$	$\frac{128}{81}$	$\frac{27}{16}$	$\frac{243}{128}$	$\frac{243}{128}$	2
계이름	솔	솔 #	라	라 #	시	도

이 문제는 12음계에서 반음의 비가 유리수일 수 없는데, 유리수라고 가정했기 때문에 발생한 것이다. 이 문제를 해결하기 위해 등장한 것이 평균율이다. 한 옥타브를 반음의 비를 12번 곱하면 2가 되는 수, 1.05946…으로 12등분한 음계이다. 그렇지만 순정율과 마찬가지로 평균율도 오차가 날 수밖에 없다. 다행인 것은 우리의 귀가 아주 작은 진동수의 차이는 감지하지 못한다는 사실이다. 그래서일까? 저 아이들이 치는 서투른 피아노 소리도 아름답게 들린다.

음계의 수학 수학속으로 1

피타고라스 학파의 이론대로 음정과 진동수 사이의 관계를 이용해서 한 옥타브가 어떻게 7개의 음으로 나뉘었는지 알아보자.

피타고라스 학파는 진동수가 기준음의 $\frac{3}{2}$이 되는 음을 한 옥타브 안에 연속적으로 만들어내면서 음계를 완성했다. 그 방법은 다음과 같다.

기준음의 진동수를 1이라고 할 때, 진동수가 $\frac{3}{2}$인 음을 연속적으로 구해나간다. 그런데 한 옥타브 높은 기준음의 진동수는 2이므로 2보다 큰 진동수가 나올 때는 $\frac{1}{2}$을 거듭 곱하여 기준음과 한 옥타브 안으로 들어오도록 진동수를 낮추어준다. 예를 들어, 아래 표에서 $\frac{9}{4}$는 2보다 크므로 $\frac{1}{2}$을 곱하면 $\frac{9}{8}$가 되어 2보다 작아진다. 따라서 한 옥타브 안에 들어온다. $\frac{243}{32}$은 $\frac{1}{2}$을 두 번 곱해야 $\frac{243}{128}$이 되어 2보다 작아 한 옥타브 안에 속한다.

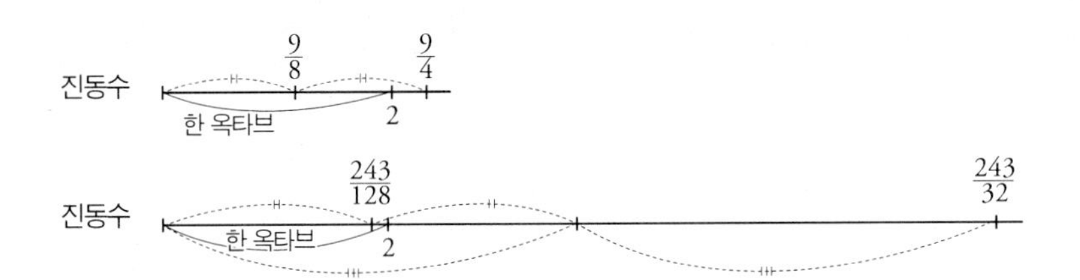

순서	진동수	한 옥타브 안으로 진동수 조정
1	1	
2	$1\times\frac{3}{2}=\frac{3}{2}$	

3	$\left(\frac{3}{2}\right)^2=\frac{9}{4}$	$\frac{9}{4}\times\frac{1}{2}=\frac{9}{8}$
4	$\left(\frac{3}{2}\right)^3=\frac{27}{8}$	$\frac{27}{8}\times\frac{1}{2}=\frac{27}{16}$
5	$\left(\frac{3}{2}\right)^4=\frac{81}{16}$	$\frac{81}{16}\times\left(\frac{1}{2}\right)^2=\frac{81}{64}$
6	$\left(\frac{3}{2}\right)^5=\frac{243}{32}$	$\frac{243}{32}\times\left(\frac{1}{2}\right)^2=\frac{243}{128}$
7	$\frac{2}{3}$	$\frac{2}{3}\times2=\frac{4}{3}$
8	2	

이렇게 하여 한 옥타브 7음계가 만들어졌는데, 진동수가 높아지는 순서로 정리하여 계이름과 맞추면 아래와 같다.

진동수	1	$\frac{9}{8}$	$\frac{81}{64}$	$\frac{4}{3}$	$\frac{3}{2}$	$\frac{27}{16}$	$\frac{243}{128}$	2
계이름	도	레	미	파	솔	라	시	도

위의 표에서 보면 간격이 반음인 미파, 시도를 제외하면 모든 온음 사이의 비는 $\frac{9}{8}$이다. 위의 과정을 계속하면 온음 사이에 반음을 더 넣어 12음계를 완성할 수 있다. 이와 같이 정수의 비로 만든 음계를 순정율이라고 한다.

만약, 줄의 길이를 조정하여 음을 연주해 보고 싶다면 낮은 도를 기준으로 진동수의 역수의 비만큼 줄의 길이를 줄이면 된다. 예를 들어, '도' 음을 내는 줄의 길이가 1m라면 '레'음을 내기 위해서는 길이를 $\frac{8}{9}=0.888\cdots$만큼 줄이면 되므로 88cm인 지점을 누르고 줄을 튕기면 된다.

녹색 기둥의 정원에서 탈레스가 되다

녹색 기둥의 정원. 담쟁이 기둥들이 줄을 맞추듯 나란히, 정갈하게 그림자를 드리우고 있다.

한강전시관은 물을 내보내던 펌프실을 개조한 것이라는데, 들어서자마자 큼직한 송수펌프가 보인다. 계단을 내려서자 밖으로 보이는 녹색 기둥의 정원이 더 눈길을 끈다. 사색의 분위기를 물씬 풍기는 녹색 기둥의 정원은 생산된 수돗물이 머무르던 정수지였다고 한다. 송수펌프실에서 이곳의 물을 우리에게 보냈던 것이다. 정수지 윗부분을 철거하자 남은 기둥에 담쟁이가 뒤덮여 아름다운 정원이 되었다. 가로, 세로 5줄씩 서 있는 담쟁이 기둥이 원래는 콘크리트였다는 생각이 들지 않는다. 한낮의 태양빛 아래 기둥이 늘어선 모습은 적막하고 고요하다. 그 이유가 무엇일까? 아마도 기둥들이 일정한 간격으로, 같은 방향으로 비슷한 길이의 그림자를 드리우고 있기 때문이리라. 그림자를 보니 약 3천 년 전, 이집트에 간 탈레스가 그림자의 길이를 이용해서 피라미드의 높이를 계산했다는 이야기가 생각난다. 그러나 이 이야기는 3세기 디오게네스 라에르티우스Diogenes Laertius의 『유명한 철학자들의 생애』에 적힌 한 문장일 뿐이다. 탈레스 사후 300년경에 살았던 히에로니무스Hieronymus가 전한 이야기라고 하지만 히에로

수학속으로 2 녹색 기둥의 높이

녹색 기둥의 정원에는 비슷비슷한 크기의 담쟁이 기둥들이 나란히 줄지어 서있다. 햇빛에 비친 그림자의 길이도 비슷하다. 그림자의 길이를 이용하여 담쟁이 기둥의 높이를 계산해 보자.

그림자의 길이를 재려면 자가 있어야 한다. 자가 없다면 A4 용지를 임시로 사용해 보자. A4용지는 긴 변의 길이가 297mm, 짧은 변의 길이가 210mm인데, 편의상 30cm, 21cm라고 하자. 종이를 반으로 접으면 15cm, 10.5cm도 잴 수 있고, 짧은 변을 긴 변에 맞추어 접으면 남는 길이가 9cm이므로 종이 한 장으로 꽤 여러 길이를 잴 수 있다.

이제 A4 용지를 반으로 접어 지면에 수직으로 세우고 그림자의 길이를 표시하자. 세웠던 A4 용지로 그 길이와 녹색 기둥의 그림자의 길이도 재었더니 다음과 같았다고 하자.

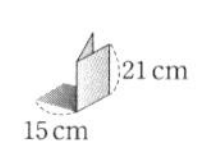

녹색 기둥의 높이를 x라고 하면 $21:15=x:180$이므로 $x=252$. 따라서 녹색 기둥의 높이가 252cm임을 알 수 있다. 물론 시간에 따라 그림자의 길이는 달라지겠지만 닮음의 원리를 이용하면 언제나 기둥의 높이를 알 수 있다. 이것이 바로 수학의 힘이다.

니무스의 기록은 남아 있지 않을 뿐더러 당시 이집트의 수학이 그리스보다 매우 높은 수준이었다는 사실에 비추어 신뢰하기 어려운 이야기이다.

태양만 도와준다면 녹색 기둥의 정원에서는 기둥의 높이는 물론 시간도 알 수 있다. 기둥의 그림자는 해의 움직임에 따라 서쪽에서 동쪽으로 길어졌다 짧아지며 점점 이동한다. 그 방향과 길이로 대강의 시간을 짐작하면 된다. 줄지어 늘어선 그림자 속 고요함이 녹색 기둥의 정원에 내려앉아 있다.

물을 정화하는 식물들

녹색 기둥의 정원을 벗어나자 본격적으로 생태공원이 시작되는 느낌이다. 수생식물원. 길 왼쪽의 수조들은 여과지의 지붕을 철거한 뒤 개조한 것이란다. 커다란 수조 4개를 다시 여러 개로 나누어 수생식물들이 섞이지 않도록 했다. 생장과 번식이 왕성한 식물들이 다른 식물을 누르고 지나치게 번식하는 것을 방지하기 위해서라고 한다. 길가 쪽 창포, 물옥잠, 붕어마름은 익숙해서 금방 눈에 띈다. 반쯤 핀 수련도 기품이 있다. 인터넷에서 선유도공원 설계 논문을 찾아 본 덕에 수생식물원의 수조에만 48종류의 수생식물이 자라고 있다는 것을 알았다. 논문의 식물 배치도와 수조의 식물 이름을 차례차례 맞추어 가며 인사해 볼까?

식물에 이름을 붙이는 건 어떤 의미일까? 생물 분류체계를 완성한 린네

수생식물원의 네모난 수조 안에는 여러 가지 식물들이 자라고 나무로 만든 탐방로가 수조를 가로지르며 지나간다.

Linnaeus보다 조금 앞선 식물학자 투른느포르Tourenfort는 『식물학의 개념』에서 "식물을 인식한다 함은 그 몇몇 부분의 구조를 통해 우리가 그들에게 부여한 이름을 정확하게 안다는 것이다."라고 했다. 이 말은 식물의 이름에서 식물을 서로 구분할 수 있는 본질적인 특징이 드러나야 한다는 말일 것이다. 이후 린네는 식물을 분류하고 이름을 정하는 방법을 확립했다. 나라마다, 지역마다 언어가 달라서 발생하는 문제를 해결하기 위해, 사용하지 않아서 변할 염려가 없는 라틴어로 이름을 정하고, 속명과 종명 두 가지를 나열했다. 이에 따르면 창포의 학명은 Acorus calamus L. 창포속 창포종이 된다. 그리고 린네가 지었다는 뜻에서 L을 붙인다. 그래서 이름을 안다는 것 자체가 그 식물에 대한 인간의 지식을 한 번에 내 안으로 끌어온다는 것이니, 푸코Foucault가 『말과 사물』에서 "자연사, 그것은 가시적인 것에 이름 붙이기 이외에 아무것도 아니다."라고 한 말의 뜻을 수조 앞에서 다시 떠올린다.

물의 오염 정도를 측정하는 지표에는 여러 가지가 있다. 그중 생화학적 산소요구량(BOD)은 하천이나 하수의 오염 농도를 나타내는 데 흔히 쓰이는 지표이다. 깨끗한 물에는 산소가 가득 녹아 있어 물고기나 수생식물들이 살기 좋지만, 오염된 물일수록 산소가 부족해 결국 썩게 된다. 생화학적 산소요구량은 미생물이 일정한 시간 내에 유기물을 산화하고 분해하는 데 필요한 산소량을 나타내는 기준이다. 수질이 오염되었다면 유기물이 많을 테니 당연히 분해하는데 산소가 많이 필요하여 생화학적 산소요구량이 높아진다.

그런데 이렇게 화학적인 방법은 보통 사람들에게는 멀기만 하다. 눈으로 들여다보고 알 수는 없을까? 오염된 물은 탁하다. 누구나 알고 있는 사실이다. 맑은 물에 버들치가 헤엄쳐 다닌다면 1급수이다. 비교적 맑은 물에 피라미가 보인다면 수영을 할 수 있는 2급수, 약간 탁한 빛에 미꾸라지나 붕어, 메기 등이 살면 공업용수로 사용 가능한 3급수이다. 수질에 따라 사는 물고기가 다르기 때문에 미루어 짐작할 수 있다. 물고기만이 아니라 수생생물 모두에게 적용하는 지표도 있다. 생물지수(BI)는 눈으로 관찰할 수 있는 생물을 세 그룹으로 나누어 깨끗한 물에 사는 생물을 A, 광범위하게 출현하는 생물은 B, 오염된 물에 사는 생물은 C라 하고 그 수를 측정하여 전체 생물 수 중 깨끗한 물에 사는 생물의 수의 2배와 오염된 물에 사는 생물의 수의 합의 백분율로 정한다. 즉, 생물지수를 구하는 식은 다음과 같다.

$$(BI)=\frac{2A+B}{A+B+C}\times 100$$

현미경으로 보아야 하는 작은 미생물을 이용해서 물의 오염 정도를 알 수도 있다. 종벌레나 아메바처럼 더러운 물에 사는 무색 생물, 유글레나처럼 청정한 물에 사는 유색 생물. 이들의 비율로 만든 지표를 생물학적 오염 지표(BIP)라고 한다. 즉, 단세포생물 중 무색 생물의 백분율을 말하는데, 0~2 %이면 깨끗한 물, 10~20 %이면 약간 오염된 물로 본다.

수생식물원의 수조를 흘러간 물은 다시 정원을 가로질러 처음 물탱크로 되돌아온다. 이 과정에서 수생식물들은 물을 오염시키는 유기물과 질소, 인 등을 뿌리로 흡수하거나 흡착한다. 물은 깨끗하게 맑아진다. 이렇게 정원을 거닐다 보면 짙은 녹음과 숲의 기운에 흐르는 물이 아니라 '나', 걷고 있는 내가 정화된다. 수생식물들이, 자작나무와 미루나무가 나의 불안, 스트레스, 잡념을 가져가 버리는 느낌이다. 내가 정화되고 있다.

시간의 흐름이
멈추는 시간의 정원

길 옆으로 뭔가 기계 부품 같은 것이 보인다. 정수장 운영 당시 비가 많이 올 때 선유도의 빗물을 한강으로 방류하던 밸브라고 한다. 지름이 1350mm라니 엄청 크다. 앞쪽에 톱니바퀴처럼 생긴 것이 두 개 맞물려 있다. 이걸 돌려 밸브

미생물 수로 알아보는 오염 지표

수학속으로 3

강변에서 지난달 수질 검사를 했을 때 생물학적 오염 지표(BIP)가 10%였다고 하자. 이번 달에 무색 생물의 수가 절반으로 줄었다면 생물학적 오염 지표는 어떻게 변했을까?

유색 생물의 수를 A, 무색 생물의 수를 B라고 할 때, 생물학적 오염지표는 $\frac{B}{A+B} \times 100$이다.

지난달의 생물학적 오염지표가 10%였으므로 $\frac{B}{A+B} \times 100 = 10$

이 식을 간단히 정리하면 $A = 9B$이고, 이번 달 무색 생물의 수는 $\frac{1}{2}B$라고 할 수 있으므로 이번 달 생물학적 오염 지표는 $\frac{B/2}{A+B/2} \times 100$이다.

이때, $A = 9B$이므로 이 값을 계산하면 $\frac{B/2}{A+B/2} \times 100 = \frac{1}{19} \times 100 = 5(\%)$

따라서 물이 많이 깨끗해졌음을 알 수 있다.

얇은 막이 원형질 덩어리를 둘러싸고 있는 단세포생물 아메바. 무색 생물이다(왼쪽 그림). 엽록체를 갖고 있어 광합성을 하고 입이나 수축포를 가지고 자유롭게 움직이는 유글레나. 식물과 동물의 중간. 연두벌레라고도 한다. 유색 생물이다(오른쪽 사진).

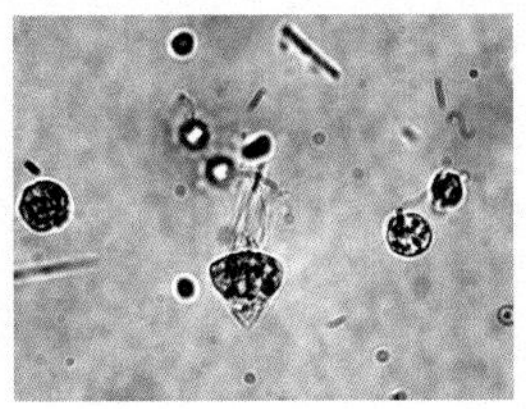

를 열었을까? 크기를 언뜻 비교해 보아도 큰 톱니의 지름이 작은 톱니 지름의 6배는 되어 보인다. 톱니는 지름이 아닌 원주 위에 있으니 큰 톱니의 이는 작은 톱니의 이보다 $2\pi\times6$배 많겠다. π를 간단하게 3으로 계산하면 대략 36배 많으니 작은 톱니를 36바퀴 돌려야 큰 톱니가 한 바퀴 돌아가겠구나.

몇 걸음 더 가서 재미있는 광경을 목격했다. 포장도로 옆에 작은 돌을 깔아 하수구를 만들어 놓았는데 모양이 독특하다. 네모난 돌들을 동심원으로 배치하여 원뿔을 뒤집은, 깔때기 모양으로 만들어 놓았다. 비가 많이 올 때, 물살이 소용돌이치며 빨려 들어가는 모습이 상상이 된다.

넝쿨이 우거진 벽들이 앞을 막으면 시간의 정원이 시작된다. 시간의 정원은 2층 탐방로로 올라가 내려다 보는 맛이 제법 그럴싸하다. 몇 걸음 더 내딛는데

정수장 시절에 사용하던 빗물 방류 밸브가 풀밭 위에 전시되어 있다(왼쪽 사진). 네모난 돌을 박아 만든 하수구. 원뿔을 뒤집은 모양이다(오른쪽 사진).

'뱀 출현 지역'이라고 쓰인 안내문이 눈길을 끈다. 구불구불한 뱀이 그려져 있다. 도시 사람들은 뱀은커녕 지렁이 본 지도 오래되었을 터. 뱀 출현이라는 단어에 긴장되면서도 살짝 반갑다. 시골집에서 풀이 우거진 마당을 가로지르는 뱀을 처음 보았을 때의 당혹감은 이제 옛날 일이 되어 버렸다. 뱀을 만날 수 있다는 경고가 오히려 자연의 품 깊숙이 들어왔다는 뿌듯함을 준다.

대나무 숲을 끝으로 시간의 정원을 빠져나오자 길 한쪽에 통나무 집이 있다. 가까이 가보니 월드컵분수대 중앙조정실이란다. 선유도와 성산대교 사이에 높이 솟구치는 분수를 여기서 조정하고 있었구나.

둥그런 돌담으로 둘러싸인 원형극장, 환경교실, 환경놀이마당이 눈길을 끈다. 그런데 모래밭의 미끄럼틀이 무언가 색다르다. 원기둥을 자른 모양인데 정수장 시절 배관을 잘라서 만든 것이란다. 나의 눈은 배관이 잘린 부분에서 멈춘다. 원기둥을 밑면과 나란하게(수평으로) 자르면 단면이 원이지만, 어슷하게 자르면 단면은 저 미끄럼틀처럼 타원이 된다. 하늘을 향해 타원을 들고 있는 듯한 배관은 가볍게 비상하는 느낌이다.

원과 타원은 비슷한 느낌이지만 타원, 포물선, 쌍곡선은 많이 달라 보인다. 포물선은 타원과 달리 한쪽이 열려 있고, 쌍곡선은 타원이나 포물선과 달리 두 개의 곡선으로 이루어진다. 그런데 이 곡선들은 모두 원뿔을 잘라 만든 원뿔곡선이라는 공통점을 가지고 있다. 수학에는 겉으로 드러나지 않는 패턴을 찾아내는 힘이 있다. 그래서 수학을 패턴의 학문이라고도 한다. 데블린Devlin은 『수학의 언어』에서 "수학자들이 하는 일은 추상적인 패턴을 탐구하는 것이다. 수의 패턴, 모양의 패턴, 운동의 패턴, 유권자들의 투표 패턴, 반복되는 우연적 사건

4개의 원형마당 중 하나인 환경놀이터. 정수장 시절의 배관을 어슷하게 잘라 단면이 타원이다.

의 패턴 등"이라고 했다. 패턴은 시간과 공간의 심층부에서, 또는 인간 정신의 내적인 작동 과정에 등장할 수도 있다. 아무런 공통점이 없어 보이는 타원, 포물선, 쌍곡선이 '원뿔을 잘라서 만들어지는 곡선'이라는 패턴으로 묶였다는 사실을 기억하자. 이 패턴을 처음 발견한 사람은 고대 그리스의 메나에크무스이다.

아치가 아름답게
쭉 뻗은 선유교

마당으로 나와 이제 선유도의 마지막 코스를 향해서 간다. 전망대쪽으로 게

원뿔에서 태어난 곡선 수학속으로 4

원기둥을 밑면에 평행하게 자르면 원, 어슷하게 자르면 타원이 된다. 이와 비슷하게 원뿔을 자르면 더 많은 곡선을 찾을 수 있다. 원뿔을 자르면 어떤 원뿔곡선이 태어나는지 알아보자.

원뿔 두 개를 꼭짓점을 맞대어 놓은 후, 여러 가지 방법으로 잘라 보자.

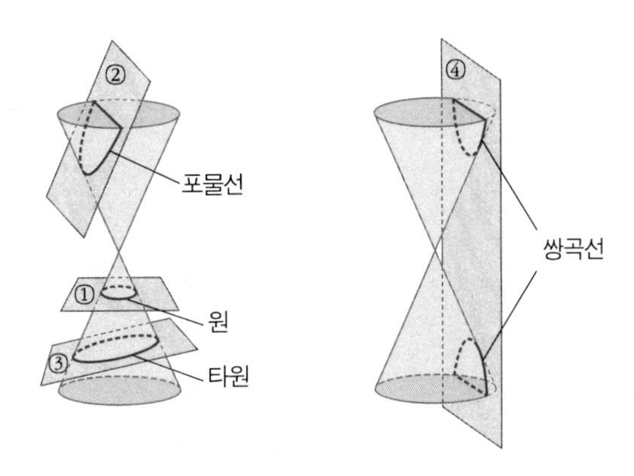

① 원뿔의 밑면에 수평으로 자르면 그 단면은 원이다.

② 원뿔의 모선과 평행하게 자르면 그 단면은 포물선이다.

③ 포물선의 경우보다 완만하게 자르면 타원이다.

④ 포물선의 경우보다 더 가파르게 자르면 쌍곡선이 생긴다.

이들 네 개의 곡선을 원뿔곡선이라고 한다. 생활 속에서 원뿔곡선을 보려면 원뿔처럼 생긴 아이스크림 포장지에 물을 채워 위와 같은 원리로 기울여 보아도 되고, 원과 타원만 보려면 원기둥 모양의 컵에 물을 담아 기울여 보아도 된다.

단을 오르자 눈앞이 탁 트인다. 멀리 북한산과 안산이 보인다. 나무 데크가 깔린 널따란 전망대에는 그늘을 피할 수 있는 의자도 넉넉히 놓여 있다. 휠체어를 옆에 놓고 의자에 앉아 즐겁게 이야기 나누는 두 사람이 편안해 보인다. 저만치 떨어진 의자에는 한강을 바라보며 책을 읽는 사람도 있다. 그 여유로움이 바람을 타고 흐른다.

전망대를 천천히 걷는다. 서쪽을 바라보니 전망대 아래 습지 너머 월드컵분수대와 성산대교의 아치가 보인다. 양화나루도 보인다. 양화진은 19세기 중반까지 전국 각지에서 올라온 곡식과 물자가 몰려들어 번성했던 나루터였다. 교통, 경제, 군사적으로 매우 중요했던 나루터는 이제 요트, 카약, 카누를 타고 배 위에서 식사를 즐기는 레저스포츠 공간으로 변화했다.

나무 데크가 깔린 선유교로 이어지는 전망대. 좌우로 펼쳐지는 한강의 풍경과 전망대 끝으로 보이는 강북의 풍경이 조화롭다.

선유교의 아치는 모양이 색다르다. 성산대교나 동호대교, 한강대교에는 작은 아치 여러 개가 이어져 있고, 서강대교는 두 개의 아치가 서로 맞닿아 있는데, 선유교는 단 하나의 아치가 강을 가로질러 길게 설치되어 있다. 덕분에 강에 비친 그림자의 곡선까지 시원하다. 아치 중턱까지 수평으로 연결된 다리를 따라가서 아치 꼭대기에 선다. 위로는 뜨거운 태양, 양쪽으로 흙빛 물이 가득하다. 강변에 모래사장이 있던 시절에는 강의 남쪽에서 걸어서 선유도로 오갈 수도 있었다는데, 강이 깊어지고 넓어진 요즘은 어림도 없는 얘기다. 천천히 아치를 따라 걸어 양화 한강공원으로 내려선다.

걸어서만 다닐 수 있는 아름다운 아치 모양의 선유교. 선유교는 한강 남쪽인 양화한강공원으로 연결되어 있다.

수학속으로 5 과거와 현재의 대응

선유도 공원은 정수장 시설을 재활용하여 만들었다. 한강의 물을 끌어올려 정수하던 시설 중 어떤 부분이 생태공원으로 변신했는지 알아보자. 과거 시설과 현재 시설을 대응시켜 함수가 되는지 확인해 보자.

선유도에 정수장이 있던 시절, 당시 송수펌프실이었던 한강전시관을 기준으로 서쪽에 제1공장과 재처리시설이 널찍하게 자리 잡고, 동쪽에 제2공장이 있었다.

정문이 있는 동쪽부터 선유교가 있는 서쪽의 순서로 현재의 시설을 나열하여 정수장 시설과 대응시키면 오른쪽과 같다.

현재의 시설을 정의역, 정수장 시설을 공역으로 놓고 이 대응이 함수가 되는지 살펴보면, 환경물놀이터에는 공역의 원소가 2개 대응되고, 선유정, 선유교에는 대응되는 공역의 원소가 없다. 따라서 함수가 아니다. 함수가 되려면 정의역의 모든 원소에 공역의 원소가 오직 한 개씩 대응되어야 하기 때문이다. 정의역과 공역을

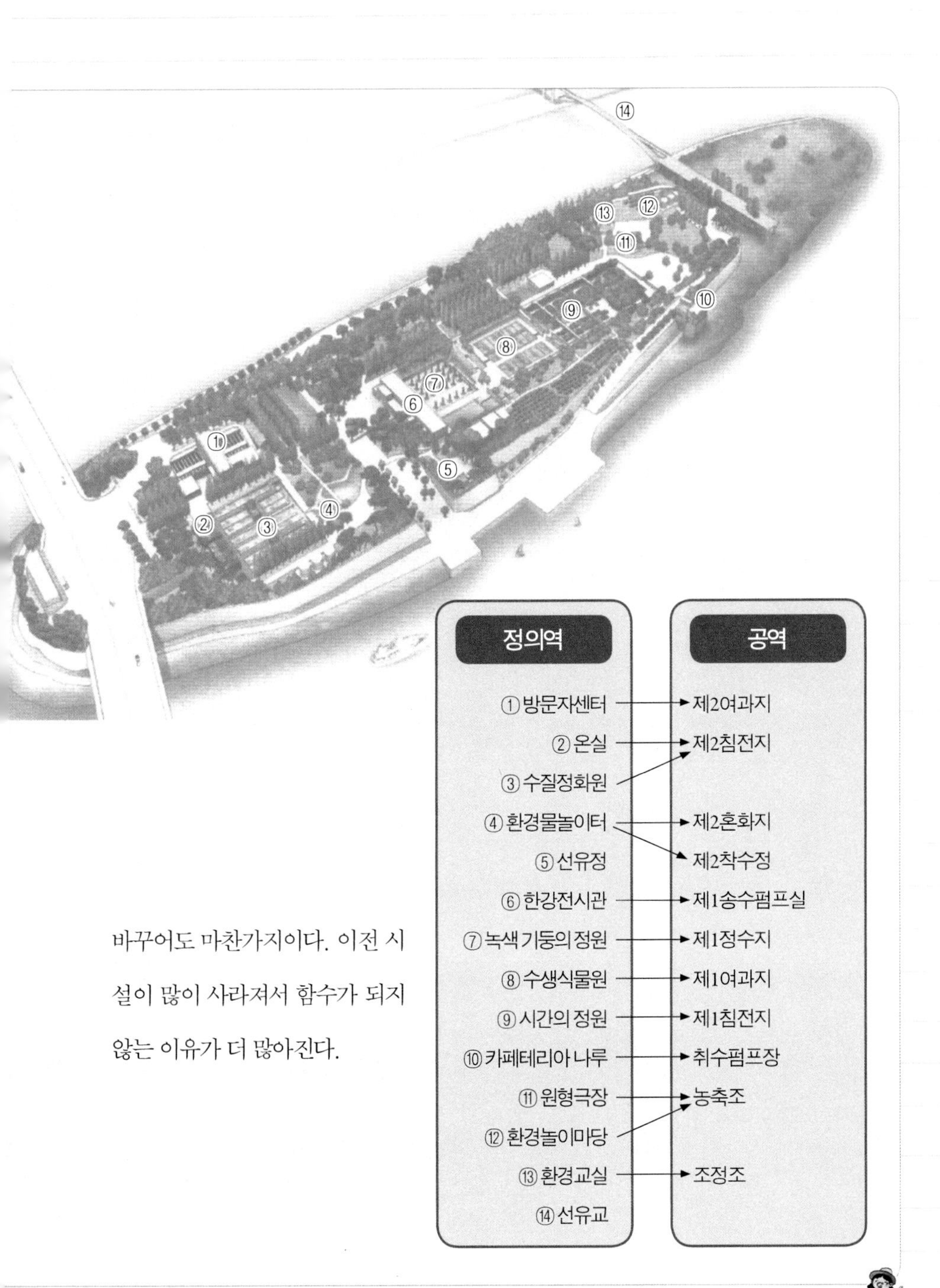

바꾸어도 마찬가지이다. 이전 시설이 많이 사라져서 함수가 되지 않는 이유가 더 많아진다.

기하학의 보고, 여의도

강 건너 멀리
보이는 절두산

당산역 앞에서 따릉이를 타고 다시 양화 한강공원으로 내려왔다. 얼마 달리지 않아 왼편으로 한강이 모습을 드러낸다. 잿빛 갈대숲 너머 한강이 펼쳐져 있고 앞쪽으로는 국회의사당 둥근 돔과 요트들이 보인다. 샛강으로 갈라지는 길을 지나 국회의사당 앞길 여의서로로 올라선다. 따릉이를 반납하는데, 한강 쪽으로 아담한 나무 전망대가 눈에 띈다. 자연스레 발걸음을 옮긴다.

요트 너머, 나란히 선 미루나무 너머, 출렁이며 반짝이는 강물 너머, 그리고 콘크리트 강변북로 너머로 절두산이 보인다. 원래는 뽕나무가 많고 봉우리가 누에의 머리를 닮아 잠두봉이라 불렀다. 강을 사이에 두고 남과 북으로 떨어져

여의서로 국회의사당 앞 따릉이 대여소. 이곳 전망대에서 절두산이 잘 보인다.

있는 선유봉과 잠두봉은 그 옛날에는 서로 잘 보였을 것이다. 겸재 정선의 그림 「양화환도」에서 선유봉 어귀의 나룻배는 잠두봉에서 노 저어 오는 중이었을까. 지금은 양화대교와 당산철교에 가로막혀 선유도에서 잠두봉을 볼 수 없다.

그 잠두봉이 절두, '머리를 자르다'라는 섬뜩한 이름을 갖게 된 건 구미 열강들이 호시탐탐 조선에 문호를 개방하라고 요구하던 시절, 천주교 박해 때문이다. 1866년 병인년, 잠두봉에 설치된 형장에서 천주교 신자 8천여 명이 참수당했다. 병인박해이다.

전망대에 서서 절두산 성지를 바라보며 카메라 셔터를 누른다. 잘 기록하려고 여러 번 반복해도 사진이 흐릿하다. 어쩌면 당연한 결과이다. 절두산 성지가

겸재 정선의 「양화환도」. 강 남쪽에 높이 솟은 선유봉이, 강 북쪽에는 난지도 모래사장과 잠두봉이 보인다.

흐릿하게 보이는 건 공기 탓이다. 공기 중에는 수증기, 먼지 등 입자가 많다. 멀리 있을수록 빛이 더 많이 반사, 굴절되므로 흐릿하게 보일 수밖에 없다. 이것을 공기원근법이라고 하는데, 저멀리 겹겹이 펼쳐지는 산을 보면 실감할 수 있다. 가까이 있는 산은 제대로 보이지만 멀리 있는 산일수록 점점 채도가 낮은, 흐릿한 파란 색으로 보인다. 공기원근법을 처음으로 적용한 그림은 레오나르도 다 빈치가 그린 「모나리자」라고 한다. 모나리자 뒤의 호수와 산을 푸른색으로,

흐릿하게 윤곽을 알아볼 수 없게 그렸다. 그러니 여기서는 절두산 순교 성지를 흐릿하게 보자. 사람들의 기억 속에도 흐릿할 테니.

튜브 끼고 해수욕하던 한강

계단을 내려와 여의도 한강공원으로 들어선다. 자전거 도로 옆길, 발밑으로 느껴지는 촉감이 부드럽다. 좀처럼 만나기 힘든 흙길이다. 키 작은 관목들이 쭉 이어진 강기슭을 따라 자전거 도로와 흙길이 나란히 펼쳐진다. 그런 풍경의 단

강 건너 보이는 절두산 순교성지. 절두산 위로 성당과 절두산 순교박물관이 보인다.

뚝섬 인근, 광나루유원지 피서 인파. 〈동아일보〉, 1974년 8월 12일자.

1970년대의 한강대교 부근 피서철 풍경. 무거운 고무 튜브가 인상적이다. 『한강의 어제와 오늘』, 서울특별시 시사편찬위원회 편저.

조로움을 깨듯 듬성듬성 여윈 나무가 서 있다. 길을 따라 걸으면서 한강을 바라보지만 한강은 가까이 갈 수도, 손을 담글 수도 없다. 지금은 너무나 당연한 풍경이지만 가만히 생각해 보면 전혀 자연스럽지 않다. 한강은 언제부터 이렇게 멀어졌을까?

기억이 가물가물하지만, 나 어렸을 적에는 한강으로 물놀이를 갔다. 햇빛에 반사되어 금빛 은빛으로 빛나는 모래사장이 있었고 여름이면 피서객들로 북적였다. 부모님이 빌려다 주신 튜브를 허리에 걸치고 한강 물로 걸어 들어갔던 기억. 요즘 아이들은 상상도 할 수 없는 추억이 되어버렸다. 그때는 타이어같이 무겁고 검은 고무 튜브가 싫었다. 알록달록 예쁘고 가벼운 튜브를 구해주지 않는 부모님이 원망스러웠을 뿐.

사실 모든 튜브는 원통을 이어붙인 모양이다. 크기가 크건 두껍건 상관없이. 아니면 초코파이를 가운데만 동그랗게 파먹은 모양이랄까. 고무찰흙으로 초코파이를 만들었다고 하자. 이것을 어떻게 주무르든 찰흙을 떼어내지 않고는 구멍을 뚫을 수 없다. 그런 의미에서 초코파이 모양의 찰흙과 튜브 모양의 찰흙은 연결상태가 다르다. 찰흙을 아무리 주물러대도 입자의 연결상태는 변하지 않는다는 말이다. 찰흙을 주물러서 네모난 모양으로 납작하게 만들었다고 하자. 그래도 연결상태는 변하지 않는다. 마치 엿가락을 늘여도 엿 입자의 연결상태가 그대로인 것과 마찬가지로. 이것을 수학에서는 위상적으로 같다고 한다. 수에서 3은 1+2와 같고 5는 2+3과 같다. 도형은 모양과 크기가 같을 때 같다고 한다. 마찬가지로 연결상태가 같으면, 즉 연속성을 유지하면 같은 것으로 보는 수학 분야가 있다. 고무판기하학이라고도 부르는 위상수학은 1950년대부터 발달하기 시작한 수학의 한 분야이다.

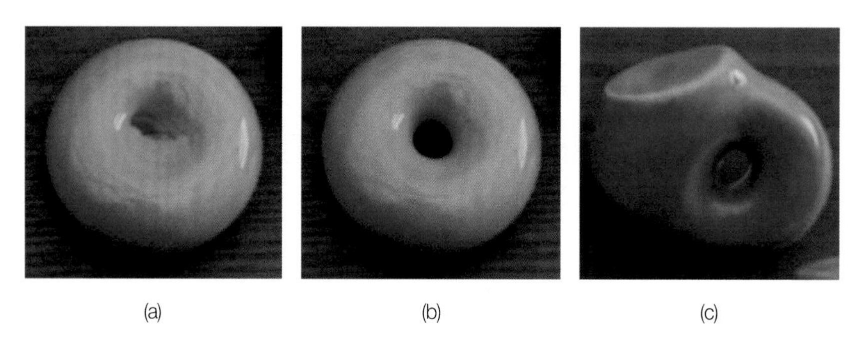

(b), (c)는 연결 상태가 서로 같고 (a)는 다르다.

그러니 위상수학의 입장에서는 검고 무겁고 두꺼운 튜브나 알록달록 얇고 예쁜 튜브는 같은 것이지만, 어릴 적 나에게 두 개는 완전히 달랐다. 예쁜 튜브는커녕 파라솔 하나 없이 햇볕 쨍쨍한 모래사장에 돗자리 깔고 놀던 한강이 다음 세대는 누릴 수 없는 추억이 될 줄이야. 어느 해인가부터 여름 피서지가 청평으로 바뀌었다. 역시 그때는 몰랐지만, 수질오염으로 한강에서 수영이 금지되었기 때문이다. 그 후로는 한강에 대한 추억이 없다. 그저 멀리서 바라볼 뿐. 이제 더 이상 한강은 우리의 삶 속으로 들어오지 못한다.

위상적으로 같은 도형

수학속으로 6

삼각형과 사각형은 위상적으로 같지만 구와 튜브는 위상적으로 다르다. 위상적으로 같은 도형, 같지 않은 도형은 어떻게 구분할까?

그 첫번째 방법은 오일러 표수이다. 오일러 표수란 $v-e+f$의 값을 말한다. 여기서 v는 꼭짓점의 개수, e는 모서리의 개수, f는 면의 개수이다. 삼각형의 오일러 표수는 $3-3+1=1$, 사각형의 오일러 표수는 $4-4+1=1$로 같으므로 삼각형과 사각형은 위상적으로 같다고 말한다.

구와 직육면체는 위상적으로 같고 튜브와 속이 빈 직육면체도 위상적으로 같으므로 구와 튜브를 아래 그림과 같이 직육면체, 속이 빈 직육면체로 바꾸어 오일러 표수를 구해서 비교해도 된다. 직육면체의 오일러 표수는 $8-12+6=2$, 속이 빈 직육면체의 오일러 표수는 $16-32+16=0$으로 달라 구와 튜브는 위상적으로 서로 다른 도형이다.

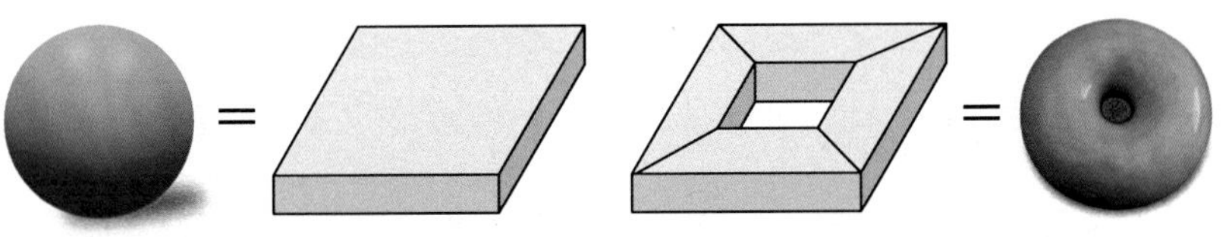

구와 튜브는 오일러 표수가 각각 2, 0으로 다르다.

두 번째 방법은 도형을 가위로 잘라 몇 조각으로 나뉘는지 확인하는 것이다. 구를 가위로 닫힌 곡선 모양으로 자르면 어떤 경우에도 반드시 두 조각으로 나뉜다. 그러나 튜브는 아래 그림과 같이 두 조각으로 나누어지지 않는 경우도 있다.

가위로 잘랐을 때, 튜브는 두 조각으로 나누어지지 않는 경우도 있다. 구와 튜브는 위상적으로 다르다.

위상적으로 같은 도형인지 구분하는 두 번째 방법에 의하면 구멍의 개수가 매우 중요하다. 구멍이 없는 초코파이 같은 입체도형들은 모두 오일러 표수가 2이면서 위상적으로 같다. 구멍이 1개인 튜브 같은 것들은 모두 오일러 표수가 0이면서 위상적으로 같다.

그러니 사람 얼굴이 잘 생기고 못 생겼다는 것은 위상적으로는 아무 의미가 없는 말이다. 마찬가지로 날씬하다느니 뚱뚱하다느니, 다리가 짧다느니 길다느니 같은 말도 모두 위상적으로 의미 없다.

사람 얼굴은 모두 위상적으로 같다. '눈이 크다, 코가 높다, 입이 작다'와 같은 구분은 위상적으로는 아무 의미가 없다. 모두 같은 것이다.

기암괴석이
절경을 이루던 밤섬

한강에서 수영하던 그 시절, 저 건너편에 보이는 밤섬에는 사람이 살았다. 한강을 집 앞 개울처럼 여기며 살던 사람들이다. 환경운동연합 홈페이지에서 본 「밤섬은 폭파되었습니다」라는 기사가 생각난다. 밤섬보존회 회장과의 인터뷰였다.

"그때는 밤섬서부터 노량진 근처까지는 다 백사장이었단 말이야. 거기서 늘 놀고 또 초등학교 들어가기 전에도 수영들은 다 했거든. 강 건너서 학교에 다니고 그랬지. 내가 서강국민학교(현재 서강초등학교)를 다녔는데, 오전 수업을 마치고는

밤섬 강변에 모래사장이 형성되어 있다.

학교서 뛰어 내려오면 한 오 분이면 될까? 강가에 도착했다고. 옷을 머리에 묶고는 헤엄쳐 섬에 들어가 밥 먹고, 다시 강 건너서 오후 수업 듣고 그랬지!"

당시 한강은 광나루부터 뚝섬, 노량진, 양화진까지 모래사장이 이어져 있었다. 홍수를 방지하기 위한 한강 개발이 시작되면서 모래톱이 사라지고 콘크리트 제방이 그 위를 덮었다. 밤섬이 폭파된 건 1968년. 이 폭파를 기억하는 사람이 얼마나 있을까. 넓게 펼쳐진 모래사장과 기암괴석이 절경을 이루던 밤섬은 폭파되어 수면 아래로 잠겼고, 거기서 나온 돌과 자갈은 여의도 제방을 만드는 석재로 쓰였다. 가까운 곳에서 석재를 얻기 위한 경제적인 이유였으리라. 사람들이 밤섬을 잊고 사는 동안 수면 아래 남아 있던 암반층에 퇴적물이 쌓이고 쌓였다. 한강 수위가 낮을 때만 모습을 드러내던 모래톱 밤섬은 수십 년의 세월 속에서 이전 넓이의 6배 정도로 커졌다. 사람이 살지 않은 덕에 다양한 식물과 철새, 물새들의 천국이 되어 돌아왔다. 그 모습을 가까이에서 잘 보려면 서강대교 위가 가장 적당하다는 아이러니와 함께.

물빛광장을 바라보는 인어공주

한강 고수부지라고 불렀던 한강 둔치를 지금은 한강공원이라고 부른다. 고수부지라는 말은 큰물이 날 때만 물에 잠기는 하천 언저리 터를 말하는 한자어

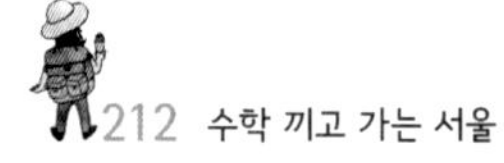

니, 한강 둔치라는 우리 말이 더 귀에 감긴다. 그런데 언젠가부터 양화 한강공원, 여의도 한강공원이라는 말이 들리기 시작했다. 여기저기 '공원'이라고 이름 붙이는 현상은 역설적으로 개발이라는 이름으로 우리 주변의 자연이 없어지면서 생기지 않았나 싶다. 한강에서 물 떠 마시고 헤엄치던 시절에는 굳이 공원이라고 이름 붙일 필요도 없었을 테니 말이다.

물빛광장. 주말에는 꽤 많은 사람이 즐겨 찾는다.

공원이라는 이름이 붙으면서 한강 둔치는 나들이하기 편리한 곳으로 바뀌었다. 음식을 사 먹을 수도 있고 텃밭도 가꿀 수 있고 운동시설이나 놀 곳을 마련했다. 저 앞 물빛광장은 한강 물에 들어갈 수 없는 아쉬움을 보상이라도 하듯 널찍하다. 모든 것이 사각형인 물빛광장에 물이 흐른다. 아이들이 발목 위로 차오르는 물을 가르며 신나게 오간다. 물 밖으로 듬성듬성 보이는 네모난 돌을 딛고 올라섰다가 다시 내려선다. 따뜻한 햇볕과 시원한 물이 어우러져 화사한 즐거움을 뿜어낸다. 강 쪽을 바라보니 인어공주가 물놀이하는 아이들을 바라보고 있다. 멀어서 표정은 읽기 어렵지만, 고개를 돌린 모양이나 처진 어깨가 슬퍼 보인다.

인어공주는 사랑을 이루지 못하고 물거품으로 변했으니 슬퍼 보이는 것이 당연하기도 하다. 그런데 안데르센이 쓴 원작은 우리가 알고 있는 내용과 다르다. 인터넷에서 원작과 같다는 영문판을 찾아보니, 왕자를 칼로 찌르지 못하고 바다에 몸을 던져 물거품이 되어 사라지는 길을 택하는 것까지는 원작과 같다. 그런데 거기서 끝이 아니다. 이어지는 내용은 다음과 같다. 해가 바다 위로 떠오르며 따뜻한 햇볕이 내리쬐자 인어공주는 자신이 죽지 않았음을 알게 된다. 주변에 수 백의 투명한 아름다운 존재들이 떠다니고 있는데, 인어공주는 자신의 몸도 그들처럼 변한 것을 알아차린다. 사람 귀에는 들리지 않고 사람 눈으로도 볼 수 없는 천상의 존재. 그들을 향해 저절로 날아오르며 인어공주가 물었다.

"누구시지요?"

"우리는 공기의 딸들이야. 인어에게는 영원한 영혼이 없지, 인간의 사랑을 얻기 전에는. 인어의 영원한 삶은 자신이 아닌 다른 이들의 힘에 달린 거야. 공기의 딸들도 영원한 영혼을 가지진 않았지만, 착한 일을 하면 영혼을 가질 수 있게 된단다. 우리는 사람들을 죽게 하는 병균을 품은 공기가 가득한 남쪽으로 신선한 산들바람을 실어다 줄 수도 있어. 우리는 가는 곳마다 건강과 회복을 퍼뜨릴 꽃의 향기를 지니고 있단다. 300년 동안 우리의 힘으로 좋은 일을 하면 불멸의 영혼을 받아서 인간의 영원한 행복을 나눌 수 있게 돼. 가엾은 인어야. 너는 고통을 겪으면서도 선행을 해서 영적인 세계로 너 스스로 올라왔단다. 그렇게 300년 동안 착한 일을 하면 영원한 영혼을 얻게 될 거야."

안데르센이 이 이야기의 가제를 '공기의 딸들'이라고 했다는 사실에서 이야기의 끝부분이 얼마나 중요한가를 짐작할 수 있다. 내가 어려서 읽은 동화에는 공기의 딸들이 등장하지 않았다. 왠지 속은 듯한 기분이다. 이 동화의 주제는 인어공주의 못다 이룬 슬픈 사랑이 아니라 사랑을 잃고 나서의 성숙, 이타적인 삶을 통해 스스로 만들어 가는 영원한 삶이 아닐까.

바다 밖 세상에 대한 호기심과 왕자에 대한 그리움으로 가득 찬 인어공주가 할머니에게 물어 알게 된 것은, 300년을 사는 인어는 죽어서 바다 위의 물거품이 되지만, 수명이 짧은 인간에게는 영원히 사는 영혼이 있어 몸이 사라진 뒤에도 그 영혼은 반짝이는 별을 넘어서 깨끗하고 순수한 공기 위로 올라간다는 것이었다. 인간 남자의 사랑을 얻어야만 그 영혼을 나눠 받을 수 있는데, 인어공

안데르센 원작에 있는 삽화. 공기의 딸들을 만난 인어공주.

주는 마지막 순간에 남을 죽이는 대신 자신이 죽는 결정을 내린다. 영원한 삶이라는 건 바로 자신을 내려놓음으로써 다른 사람들의 기억 속에 영원히 살아있게 된다는 말이 아닐까.

물빛광장에서 만나는 아핀기하학

인어공주 동상이 공기의 정령들을 만나 기쁨에 찬 표정이면 얼마나 좋았을까 하며 동상 쪽으로 발걸음을 옮긴다. 디딤돌을 디디려다 보니 특이하게도 돌 모양이 직사각형이 아니라 평행사변형이다. 조금 떨어진 곳에서 볼 때는 직사각형인 줄 알았는데, 정면에 서서 보니 모양이 다르다. 직사각형인 줄 알았더니

인어공주 앞의 디딤돌은 평행사변형이지만(왼쪽 사진) 옆에서 보면 직사각형으로 보인다(오른쪽 사진).

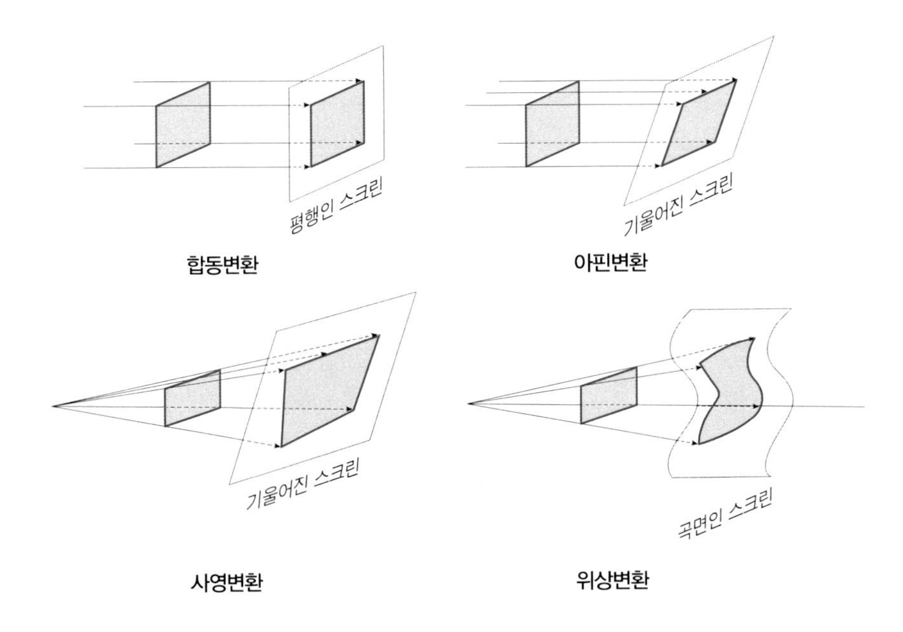

빛과 화면의 변화로 알아보는 변환. 합동변환, 아핀변환에서는 빛이 태양과 같이 아주 먼 곳에서 오는 평행광선이고, 사영변환에서는 전등과 같이 가까이에서 빛이 비친다.

평행사변형이라는 것은 두 종류의 사각형을 같은 것으로 보았다는 말이다. 한강 둔치에서 아핀기하학을 만나다니, 반갑다.

우리가 극장에서 보는 영화도 수학으로 말하자면 닮음변환이다. 필름을 그대로 확대한 닮음변환. 닮음변환은 크기만 변할 뿐, 모양은 그대로이다. 이제 상상력을 발휘해서 극장의 화면을 조금 뒤로 눕혀보자, 필름에 있던 사각형 건물은 어떻게 될까. 높은 건물을 밑에서 올려다보았을 때처럼 사다리꼴 모양으로 보일 것이다. 이런 변환을 사영변환이라고 한다. 사영변환에서는 사각형은 모두 같다. 정사각형이든 직사각형이든 평행사변형이든 사다리꼴이든. 화면을 적당히 눕혀서 정사각형도 평행사변형으로 보이게 할 수 있고 사다리꼴로 보이게 할 수도 있다. 한 발 더 나아가서 화면을 불룩 배부른 곡면으로 상상해 보자. 정사각형의 변들이 둥근 곡선으로 바뀔 것이다. 화면이 울퉁불퉁하다면? 정사각형의 모양은 찾아볼 수도 없는 구불구불한 폐곡선이 화면에 비칠 것이다.

현대에 와서 기하학은 변하지 않는 성질, 불변량에 따라 구분된다. 클라인(Klein)의 업적이다. 그는 1872년 에를랑겐 프로그램이라는 이름으로 기하학 연구를 위한 관점을 발표하였다. 기하학을 어떤 변환, 즉 한 점을 다른 점에 대응시키는 규칙에 의해 변하지 않는 성질을 연구하는 것으로 정의하였다. 누운 화면과 같이 점들의 순서를 보존하면서 직선을 직선으로 옮기는 사영변환에 의해 변하지 않는 성질을 다루는 기하학은 사영기하학이라고 한다. 울퉁불퉁한 화면과 같이 연결상태만 변하지 않는 위상변환에 의해 불변인 성질을 다루는 기하학은 고무 튜브에서 살펴본 위상기하학이다.

지금까지 우리가 배운 기하학은 유클리드 기하학이다. 두 점 사이의 거리를 보존하는 유클리드 변환에 의해 불변인 성질들을 연구하는 유클리드 기하학에서는 거리, 각, 넓이 등이 변하지 않는 중요한 성질이다. 그래서 원과 사각형은 구분되며 정사각형과 직사각형도 구분된다. 거리, 각 등을 변하지 않게 유지하는 유클리드 변환은 평행이동변환, 회전변환, 대칭변환 뿐이다.

인어공주 앞에서 발견한 아핀기하학은 유클리드 기하학을 포함하면서 사영기하학에 포함되는 기하학이다. 아핀변환에서 길이는 변하지만 길이의 비는 변하지

수학에서는 변환 이전과 이후에 어떤 것이 변하지 않느냐(불변량)에 따라 변환을 여러 가지로 나눈다. 한 장의 사진이 변환에 따라 어떻게 바뀌는지, 어떤 성질이 불변량으로 보존되는지 확인해 보자.

합동변환은 우리에게 가장 익숙하다. 거리, 각은 변하지 않고 위치만 변한다. 아래 그림은 회전변환만 한 것이다. 닮음변환은 거리의 비, 각은 보존하면서 축소, 확대하기 때문에 모양이 유지된다. 아핀변환은 길이의 비가 보존되기 때문에 평행선은 평행선으로 유지되는 변환이다. 아래 그림에서는 두 쌍의 대변의 평행이 보존되어 직사각형이 평행사변형이 되었다. 사영변환은 우리의 눈이 흔히 착각하듯이 평행이 보존되지 않는다. 이 네 가지 변환 모두 직선은 직선으로 유지된다. 위상변환까지 다섯 가지의 변환은 모두 점의 순서, 연속성을 보존한다.

않으므로 평행선은 평행선으로 유지된다. 그러니 아핀기하학에서 직사각형은 평행사변형과 같지만 사다리꼴과는 같지 않다. 직사각형이나 평행사변형은 두 쌍의 변이 평행해야 하지만 사다리꼴은 한 쌍의 변만 평행하면 되기 때문이다. 인어공주 앞의 디딤돌이 원래는 평행사변형이지만 옆에서 보면 직사각형으로 보이니, 평행사변형과 직사각형이 구분되지 않는 아핀기하학을 구현한 셈이다.

잔디밭 위의 비유클리드 기하학

인어공주와 헤어지고 마포대교 아래를 걷는다. 개울만큼 좁은 물길이 이어진다. 피아노 물길이라고 한다. 물길 중간에 피아노의 검은 건반처럼 검은 돌이 무리 지어 있다. 2개, 3개씩 모여 있지는 않지만, 검은 돌에 부딪힌 물살이 만들어내는 파동이 연주하는 음악을 상상한다.

잔디밭에서 푸앵카레 원반을 생각나게 하는 조형물을 만났다. 안에는 풍선처럼 공들이 갇혀 있다. 파이프를 둥글게 땅에 꽂아 반구를 형상화했는데, 어떤 파이프는 대원처럼 길고 어떤 파이프는 낮게 지나간다. 그렇지만 모든 파이프가 지면에 수직이라고 본다면, 이것은 흡사 푸앵카레의 원반 같다. 푸앵카레의 원반은 비유클리드 기하학인 쌍곡기하학의 한 모델로 네덜란드 화가인 에스허르(Escher)의 작품으로 더 유명해졌다.

비유클리드 기하학에 대해 알아보기 전에, 수박을 생각해 보자. 수박 표면에 사는 엄청나게 작은 생명체가 있다고 하자. 수박 표면 위의 두 지점을 잇는 가장 짧은 선을 따라 도로를 놓으려고 한다(물론 상상이다). 그 길은 직선일까? 곡선일까? 수박을 아무리 봐도 그 표면 위에 직선 도로, 즉 곧은 도로를 낼 수 없다는 것은 너무나 확실하다. 지구도 마찬가지이다. 우리는 이런 현상을 별로 인식하고 살지는 않지만, 수박이나 지구가 둥근 구인 것은 명확하다. 책상 위에서는 직선을 그을 수 있지만 운동장에는 직선을 그을 수 없고, 지구를 한 바퀴 도는 경도도 모두 직선이 아니다. 우리는 직선이 곧은 선이라고 수십 년 동안 배워왔지만, 그것은 지극히 현실적이면서도 이상적인 이야기이다. 그래서 '곡면에는 직선이 없다'라는 사태를 막기 위해서 직선의 가장 중요한 성질을 뽑아내어 새로운 용어를 만들었다. 그 이름은 측지선. 측지선은 두 점을 잇는 가장 짧은 선을 말한다. 물론 유클리드 기하학에서 측지선은 직선이다. 지구 표면과 같이 둥근 구에서의 측지선은 대원이다. 대원은 구와 중심이 같은 원으로 경도처럼 생긴 원들이 바로 대원이다. 비행기는 기름값을 아끼기 위해 측지선, 즉 대원을

푸앵카레 원반을 생각나게 하는 조형물. 조형물 안에 풍선처럼 공들이 갇혀 있다.

따라 날아간다.

푸앵카레 원반에서의 측지선은 지름 또는 원에 수직인 호이다. 그래서 그림에서 보듯이 점 P를 지나면서 직선과 만나지 않는 직선이 무수히 많을 수 있다.

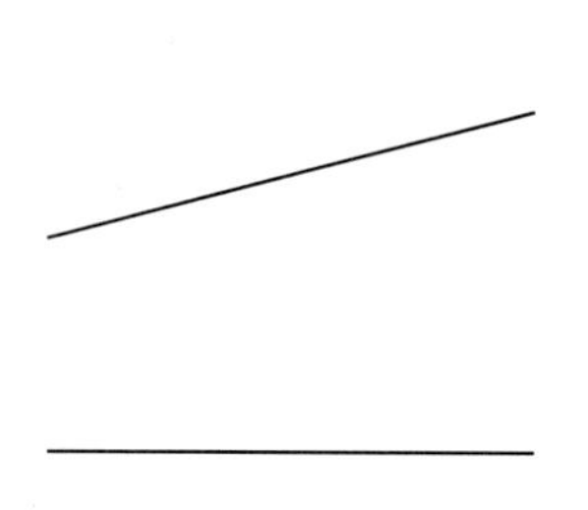

유클리드 기하학에서는
곧은 선이 직선이다.

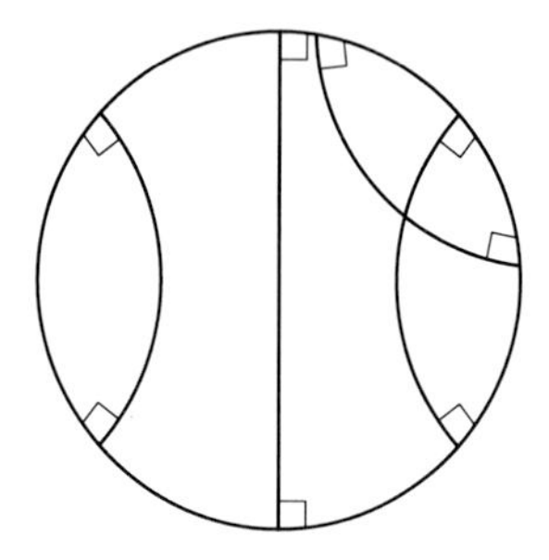

푸앵카레 원반에서는 지름 또는
원 경계에 수직인 호가 직선이다.

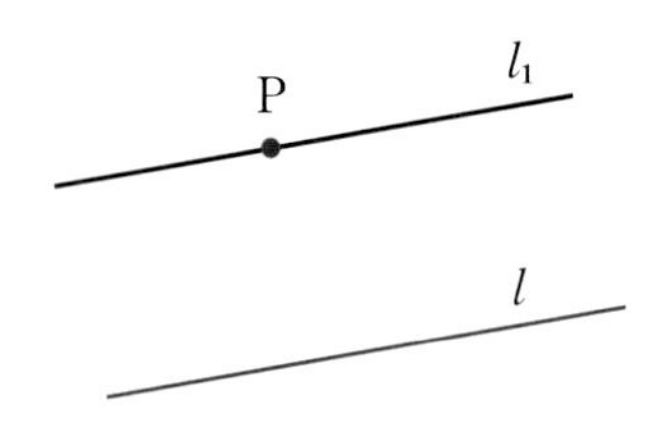

유클리드 기하학에서는 점 P를
지나면서 직선 l에 평행한
직선은 오직 l_1 하나뿐이다.

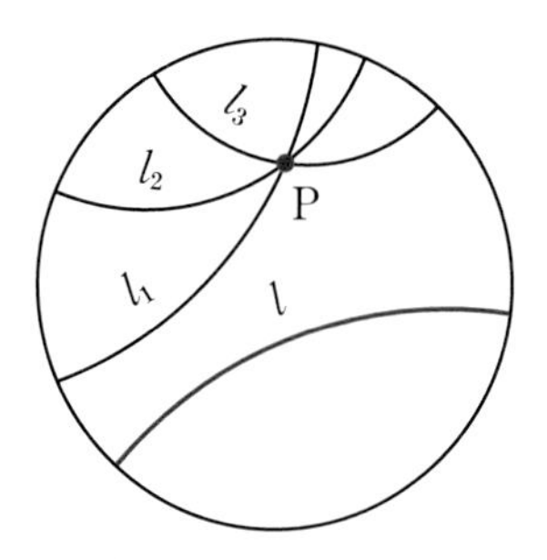

푸앵카레 원반에서는 l_1, l_2, l_3는
점 P를 지나면서 직선 l에
평행한 직선이다.

유클리드 기하학에서는 주어진 직선 밖의 한 점을 지나며 그 직선에 평행한 직선이 오직 하나만 존재한다는 사실을 진리로 여겨 공리라고 불렀다. 그러나 19세기에 이 사실을 의심한 사람들이 있었고 그들은 비유클리드 기하학을 만들었다. 쌍곡기하학은 주어진 직선 밖의 한 점을 지나면서 그 직선에 평행한 직선이 무수히 많다는 전제 아래 만들어진 비유클리드 기하학이다. 쌍곡기하학의 모델은 여러 가지가 있는데, 그중 푸앵카레 원반은 원의 가장자리로 갈수록 거리가 짧아지는 특징이 있다. 사람이 푸앵카레 원반과 같은 공간에서 가장자리를 향해서 걷는다면, 가장자리로 가까이 갈수록 몸이 점점 작아져서, 무한히 작아져서, 아무리 오래 걸어도 가장자리에 도달할 수 없는 그런 공간이다. 그래서 에스허르가 푸앵카레 원반을 표상한 원의 극한 시리즈 그림에서는 가장자리로 갈수록 형체가 작아진다.

원의 극한 IV, 에스허르(M.C. Escher). 푸앵카레 원반에서 하얀 천사와 검은 악마가 원의 가장자리로 갈수록 작아진다.

수학속으로 8 구면 위의 기하학

지구 표면과 같은 구면 위의 기하학을 구면기하학이라고 한다. 구면기하학에서 측지선은 어떤 모양일까? 구면기하학은 유클리드 기하학과 어떻게 다른지 알아보자.

구면에서 두 점을 잇는 가장 짧은 선을 그리려면 대원, 즉 구와 중심이 같은 원을 따라가야 한다. 구면기하학에서는 대원이 측지선이 된다. 그러면 구면기하학과 유클리드 기하학에서 측지선은 어떻게 다를까? 유클리드 기하학의 측지선은 무한히 길지만, 구면기하학의 측지선은 길이가 유한하다. 유클리드 기하학에서는 두 평행선은 무한히 만나지 않지만, 구면기하학에서 두 측지선은 반드시 두 점에서 만난다. 따라서 구면기하학에서는 평행선이란 없다.

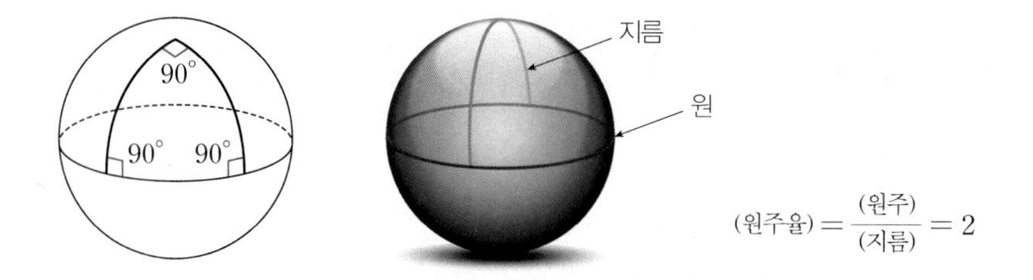

$$(\text{원주율}) = \frac{(\text{원주})}{(\text{지름})} = 2$$

구면기하학에서는 삼각형의 세 내각의 합이 위 그림과 같이 180도보다 크다. 또, 구면 위에 원을 그리면 원주율은 3.141592…보다 작아진다. 극단적으로 적도라는 원을 생각하면 지름은 지구를 뚫고 지나가는 선이 아니라 적도 위의 한 점에서 출발하여 경도를 따라 북극을 지난 후 반대편 적도에 이르는 선이 된다. 따라서 지름은 원주의 절반이 되어 원주율은 2가 된다.

그렇다면 비유클리드 기하학은 상상 속의 기하학일까? 그렇지는 않다. 우리가 잘 모르는 거대한 우주 공간은 구면기하학, 쌍곡기하학 같은 비유클리드 기하학으로 해석한다. 아인슈타인Einstein은 우주가 평평하지 않고 중력에 의해서 휘어 있음을 보일 때, 공간에 대한 기초 이론을 비유클리드 기하학에서 찾았다고 했다. "만일 내가 그 기하학을 몰랐다면 나는 결코 상대성 이론을 만들어 낼 수 없었을 것이다."라고 말하면서.

공원의 푸앵카레 원반 조형물에서 노는 가족들이 자신들이 상대성 이론의 기초가 된 비유클리드 기하학 조형물 아래에 있다는 사실을 알까? 조형물에 대한 설명문이 없어 작가의 의도는 알 수 없지만, 예술품은 창작가의 손을 떠나면 관람자의 해석에 달려있다고 했으니, 나라도 한강 둔치 잔디밭에 앉아 쌍곡기하학 조형물을 즐긴다.

사람들은 저벅저벅,
반려견은 뒤뚱촐랑

잔디 위에 꽤 많은 사람들이 있다. 그늘막을 치고 누워 있는 사람, 돗자리를 깔고 앉아 음악을 듣는 사람, 강아지랑 뛰어 노는 아이. 그늘막은 반구 모양도 있고 사각뿔대 위에 사각뿔을 얹은 모양인 것도 있다. 저쪽에는 청년들 몇 명이 바람 넣은 소파 같은 것을 깔고 기대듯이 앉아있다. 모두들 한강에서 마음껏 여유를 즐기는 모양새다.

사람만 한강에서 여가를 즐기는 것은 아니다. 예쁜 목줄을 매고 촐랑거리며 주인 옆을 걷는 개들도 한껏 한강을 즐기는 중이다. 갈색 푸들은 종종대며 주인의 씩씩한 걸음을 따라간다. 키 작은 까만 개는 성큼성큼 걷는 주인의 뒤를 뛰듯이 쫓아간다.

다리가 짧은 동물은 보폭이 좁고 다리가 긴 동물은 보폭이 넓다. 다리가 짧은 동물은 다리를 더 바삐 움직여 초당 걸음 수가 많고 다리가 긴 동물은 천천히 움직여 초당 걸음 수가 적다. 속력은 시간에 대한 거리의 비이므로 걷는 속력은 일정한 시간에 움직인 거리, 즉 보폭과 초당 걸음 수의 곱이 결정한다.

여기서 잠깐, 동물의 걸음걸이의 원리를 생각해 보자. 앞으로 걷는 것이나 제자리 걸음이나 원리는 똑같으니 제자리 걸음을 떠올려 보면 시계추가 움직이는 것과 비슷하다. 제자리 걸음을 하면 골반을 회전축으로 다리가 회전 운동을 하는데, 결국 다리가 일정하게 왔다 갔다 하는 진자운동이다. 실에 추를 매단 진자운동에서는 실의 무게가 워낙 가벼워 이를 무시할 수 있지만 사람이나 동물의 다리는 그 무게를 무시할 수 없다. 이 경우에는 다리의 질량 중심이 무릎에 있는 물리 진자 운동을 따른다.

물리 진자 운동에서의 공식을 이용하여 복잡한 계산을 하고 나면 초당 걸음 수는 다리 길이의 제곱근에 1.6을 곱한 값이다. 보폭은 다리 길이에 비례하니, 이를 종합하면 걸음 속력은 결국 다리 길이의 제곱근에 비례하게 된다. 그러니 다리가 짧은 반려견과 함께 걸을 때는 초당 걸음 수라도 줄여서 천천히 걸어주자.

걸어다니는 사람들을 유심히 들여다보니 사람마다 걸음걸이가 다 다르고 독특하다. 수학은 패턴의 학문이라고 하지 않았던가. 이번에는 걸음걸이의 패턴을 분석해 보자.

사람들은 두 발을 번갈아 내디딘다. 뛸 때도 보폭과 속도가 달라질 뿐 번갈아 내딛는 건 변하지 않는다. 깡충깡충 뛸 때는 두 발이 동시에 땅에서 떨어지고 닿기도 하지만 대체로 사람들은 두 발을 번갈아 가면서 움직인다. 그런데 개는 걸을 때와 뛸 때 걸음걸이 패턴이 달라진다. 걸을 때는 앞뒤 좌우 발을 번갈아 내딛지만 뛸 때는 앞발끼리, 뒷발끼리 동시에 땅에 닿는다. 네발 동물들이 대체로 그러하듯이. 아 참, 기린은 특이하게 걷는다. 다른 동물과 다르게 왼쪽 앞 뒷발을 동시에, 오른쪽 앞 뒷발을 동시에 내디딘다.

사람의 걸음걸이, 발자국은 패턴으로 분석하면 몇 가지나 될까? 걷기, 뛰기, 돌며 뛰기. 아차, 한 발만 사용할 수도 있지. 한 발 뛰기, 한 발로 돌며 뛰기. 사람마다 걸음걸이 모양새는 다르지만 사람이 만들어낼 수 있는 발자국 패턴이 무한할 수는 없지 않을까.

먼저 사람이 앞으로, 똑바로 걸어가는 경우만 생각하자. 그러면 회전은 180도 회전만 고려하면 된다. 다른 각도로 돌며 걸으면 똑바로 걷는 것이 아니니 제외하기로 한다. 패턴 분석을 쉽게 하기 위해 걷기, 뛰기와 같이 사람의 움직임보다는 남겨진 발자국 모양을 생각해 보자.

걸을 때와 뛸 때의 발자국은 보폭만 다를 뿐 그 모양은 같다.

걸을 때와 뛸 때의 발자국 자국은 보폭의 차이만 있을 뿐 그 패턴은 같다.

그럼, 깡충깡충 뛸 때의 발자국은 어떨까? 깡충깡충 뛰면 두 발이 동시에 땅에 닿기 때문에 걸을 때와는 발자국 모양이 다르다.

깡충깡충 뛸 때의 발자국 모양

이 두 가지 발자국 모양 외에 다른 발자국 모양은 어떤 것이 있을까? 사람의 발자국 모양을 모두 찾는 더 좋은 방법은 없을까? 앞에서 다룬 수학의 힘을 빌려 보자. 발자국 패턴에서 발자국 한 개의 모양을 기본 모양이라고 보자. 깡충깡충 뛰기의 발자국 모양은 기본 모양이 수직반사되어 만들어진 단위 문양이고, 걷기의 발자국 모양은 기본 모양이 미끄럼반사되어 만들어진 단위 문양이다.

사람 걸음 발자국의 띠 무늬

수학속으로 9

사람이 똑바로 걸어갈 때 만들 수 있는 발자국의 종류를 모두 찾아보자.

똑바로 걸어가는 경우만 생각하면 사람의 발자국도 띠 무늬이다. 띠 무늬에서는 기본 모양이 하나 정해졌을 때, 수직반사, 수평반사, 180도 회전, 미끄럼반사라는 대칭이동으로 만들어지는 단위 문양은 모두 7가지임을 보았다.

따라서 발자국 한 개를 기본 모양으로 하여 대칭이동을 적용하면 단위 문양 7가지를 모두 찾을 수 있다. 아래 표는 단위 문양 7가지마다 사람의 걸음걸이 움직임을 연결지은 것이다.

※ 평행이동은 모든 경우에 포함되어 있다.

발자국	대칭	걸음걸이
		한 발로 뛰기
	수직반사	옆으로 걷기
	수평반사	깡충깡충 뛰기
	미끄럼반사	걷기
	180도 회전	한 발로 돌며 뛰기
	수직반사, 180도 회전	옆으로 돌며 뛰기
	수평반사, 180도 회전	돌며 뛰기

사람이 똑바로 걷는 것은 결국 발자국으로 된 띠 무늬를 만드는 것과 같다. 따라서 사람 발자국 패턴은 띠 무늬와 같이 7종류가 전부이다. 놀랍지 않은가? 한 발, 두 발로 걷고 뛰며 7가지 발자국 패턴을 모두 남겨 보자. 발자국 모양이 찍힌 그대로 볼 수 있는 눈밭이 있으면 좋으련만.

바퀴는 왜 둥글까?

한강공원은 자전거 타기 참 좋은 곳이다. 자전거 대여소도 쉽게 찾을 수 있고 따릉이 대여소도 심심찮게 보인다. 한강을 따라 자전거 전용도로가 시원하게 깔려 있어서 동쪽으로 가면 미사리, 팔당을 지나 북한강을 따라 계속 달릴 수 있다. 자전거에 푹 빠진 사람들에게 한강은 천국이다. 자전거 도로는 대여 자전거를 타고 달리는 사람들, 자전거를 배우는 아이들, 알록달록 기능성 옷을 입고 질주하는 사람들로 가득하다. 그런데 그들이 타고 있는 자전거 바퀴는 모두 둥글다. 왜 둥글까? 자전거나 차 바퀴가 둥글다는 사실은 너무나 당연해서 오히려 질문이 이상할 정도다. 예로부터 바퀴는 둥글었고, 바퀴를 이용하기 어려운 산에서는 통나무를 굴려서 이동시켰다. 바퀴가 둥근 모양이어야 하는 이유를 수학적으로 따져 보자.

만약 바퀴가 둥근 모양이 아니라 인간이 만든 물건 중에 가장 흔한 사각형 모양이면 어떨지 생각해 보자. 자동차에 사각 바퀴를 단다면 운행할 수 없을까?

도로 모양을 사각 바퀴가 굴러갈 수 있도록 바꾸면 가능하다. 그런 도로는 현수선 모양이라고 알려져 있다. 그러니 도로를 사각 바퀴 자동차의 바퀴 크기에 맞는 현수선 모양으로 만들면 사각바퀴도 얼마든지 달릴 수 있다.

사각 바퀴, 오각 바퀴의 자동차 모형.

물론 현수선 도로를 만드는 게 쉬운 일은 아니다. 말할 필요조차 없는 사실이다. 그런데 어느 지방 자치단체에서 특색 사업으로 자동차 바퀴를 사각바퀴로 바꾸어 달고 그 지방의 일부 도로를 현수선 모양으로 만들었다고 하자. 신기한 맛에 너도나도 타면서 지역 홍보가 제대로 되지 않을까?

잔디밭에 앉아 한줄로 달려가는 자전거들을 바라본다. 이제는 자전거를 탄 사람보다 자전거에 집중한다. 색깔도, 크기도, 모양도 다르다. 가끔 바퀴가 작은 미니벨로도 지나간다. 자전거에 멋을 부리느라 이것저것 치장을 한 화려한 자전거도 눈에 띈다. 끊임없이 지나가는 자전거 행렬을 보고 있자니, 페달을 돌

수학속으로 10 바퀴는 왜 둥글까?

사각 바퀴가 현수선 도로 위를 굴러가는 모양을 자세히 살펴보자. 사각 바퀴가 둥근 바퀴를 대신 할 수 있을까?

바퀴가 둥근 경우에는 달리는 내내 바퀴의 중심이 도로와 평행을 유지한다. 마찰력이 작아 관성으로도 굴러갈 수 있어 고속으로 달릴 때 엑셀레이터를 밟지 않아도 꽤 멀리 갈 수 있다.

사각 바퀴의 자동차로 현수선 도로 위를 달린다고 하자. 사각 바퀴의 중심에서 지면까지의 거리는 주기적으로 달라지지만, 현수선 도로 자체가 굽은 모양이라 아래 그림에서와같이 사각 바퀴의 경우에도 지면과 바퀴의 무게중심은 계속 일정한 높이를 유지한다. 이 차에 탄 사람도 둥근 바퀴 차에 탄 경우와 마찬가지로 덜컹거리지 않고 계속 지면에서 일정한 높이만큼 떠 있게 된다.

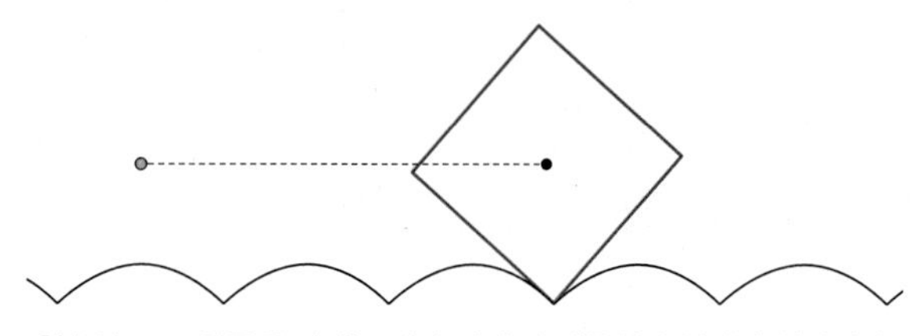

현수선 도로 위를 굴러가는 사각 바퀴. 무게중심의 위치가 일정하다.

문제는 현수선 도로 자체가 오르막과 내리막이 되풀이된다는 점이다. 바퀴의 꼭짓점이 현수선 오목한 부분에서 빠져나올 때마다 오르막을 올라가야 하므로 에너지를 많이 사용하게 된다. 따라서 바퀴는 둥글어야 경제적이다.

자전거 바퀴의 반사판이 그리는 곡선

수학속으로 11

원이 직선 위를 굴러갈 때 원 위의 점이 그리는 곡선인 사이클로이드를 그려 보자.

사이클로이드를 그리려면 도로를 나타내는 직선과 바퀴를 나타내는 원이 필요하다. 원은 내부가 채워진 모양의 원반이 좋다. 먼저 원 위에 점의 흔적을 그려야 하는데, 실제로 원 위에 점을 찍을 수는 없으니 원반 바깥쪽을 살짝 파서 펜이 들어가게 한다. 펜을 원에 꼭 붙인 채 원을 굴려 나가면 사이클로이드가 그려진다.

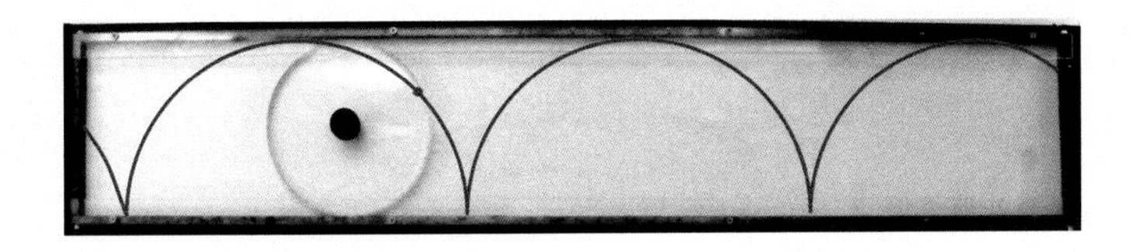

한편, 원이 직선이 아닌 원 위를 구를 때도 사이클로이드라는 이름을 사용한다. 한 원 안에서 다른 원이 굴러갈 때, 원 위의 한 점이 그리는 곡선을 하이포사이클로이드라고 한다(밖의 원이 구를 때는 에피사이클로이드라고 한다). 두 원의 지름의 비에 따라 하이포사이클로이드, 에피사이클로이드의 모양은 다양해진다.

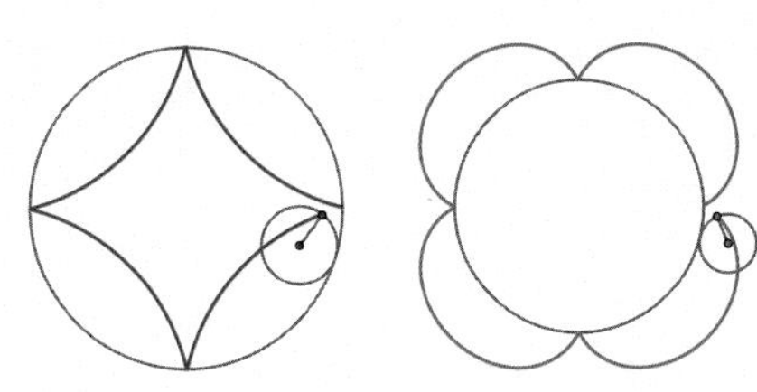

지름의 비가 4인 하이포사이클로이드(왼쪽 그림)와 에피사이클로이드

리는 형광색 운동화가 그린 곡선이 눈에 잔상으로 남아 어른거린다. 마치 스프링을 쭉 늘인 모양 같다. 바큇살에 붙은 손가락만 한 반사판도 휙 곡선을 그리며 지나간다. 저 반사판이 그리는 곡선은 어떤 모양일까?

원 모양의 바퀴에 붙어 있는 반사판이니 주기적으로 반복되는 곡선을 그리는 것은 당연한 일. 곡선의 모양은 반사판이 바큇살 어느 부분에 붙어 있느냐에 따라 다르게 보이지만 대체로 연습장 스프링처럼 둥글게 반복된다. 바퀴의 안쪽에 붙어 있으면 좀 덜 잡아당긴 모양, 바퀴의 바깥쪽에 붙어 있으면 많이 잡아당긴 모양처럼 보일 뿐이다.

이제 좀 더 엄밀하게 보자. 반사판을 하나의 점으로 보면, 이 문제는 원이 직선 위를 굴러갈 때 원 안쪽에 있는 점이 그리는 곡선이 어떤 모양이 되느냐를 묻고 있다. 먼저 점이 원 위에 있는 경우, 이 곡선의 이름은 사이클로이드이다.

1696년 장 베르누이는 높이가 다른 두 점이 있을 때 한 점에서 다른 한 점으로 가장 빨리 갈 수 있는 경로는 무엇이냐는 문제를 내었다. 두 점을 잇는 가장 빠른 경로는 얼핏 생각하면 직선일 것 같지만 그렇지 않다. 처음에 경사가 급한 곡선에서는 굴러떨어지는 가속도가 직선보다 더 커서 나중에 완만하게 되더라

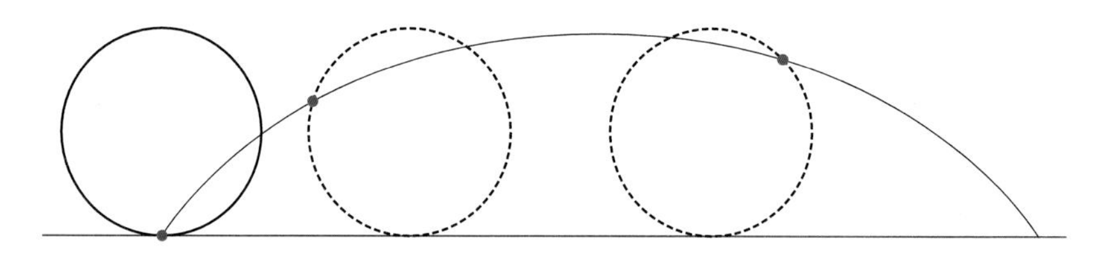

원이 직선 위를 굴러갈 때 원 위의 한 점이 그리는 곡선을 사이클로이드라고 한다.

도 결국 더 빨리 떨어짐이 증명되었다. 이 곡선의 이름을 사이클로이드라고 하는데 그리스어의 바퀴에서 유래했단다. 이 문제를 뉴턴이 하룻밤 만에 풀어서 더 유명해졌다.

다시 자전거 바퀴로 돌아가면, 원 위가 아니라 원의 안쪽에 있는 점이 그리는 곡선도 사이클로이드라고 하지만 정확하게는 짧은 사이클로이드라고 한다. 사이클로이드는 한 주기가 끝날 때마다 뾰족하게 꺾이지만 짧은 사이클로이드는 그렇지 않고 부드럽게 연결된다. 점이 원의 중심에 가깝게 있을수록 점점 더 완만하게 되다가 원의 중심과 일치하면 직선을 그린다. 바로 바퀴의 무게중심이 도로와 평행하게 되는 원리이다.

공중에서 본 경성

한강공원을 빠져나가는 방법은 크게 두 가지이다. 하나는 계단이나 진입로로 올라가는 방법, 또 하나는 지하통로를 통과하는 방법. 지하통로는 대체로 어둡고 으슥한 느낌이 들어 잘 이용하지 않는데, 마포대교 부근의 여의도공원으로 연결된 지하통로는 예외이다. '여의도 비행장 역사의 터널'이기 때문이다.

여의도 비행장이라고? 아마도 금시초문일 것이다. 너무 오래전 일이라 모르는 것이 당연하기도 하다. 1916년 일본이 짓기 시작하여 경성비행장이라고 불렀다. 앞에서 말한 대로 이 비행장을 짓기 위해 선유봉을 폭파했다. 해방 후 여의도공항은 국제공항으로까지 사용되었으나 한강이 자주 범람하자 민간공항은 1958년 김포공항으로, 공군기지는 1971년 성남으로 이전하면서 문을 닫았다. 당시에는 여의도 전체를 활주로와 공항으로 사용할 정도로 규모가 컸지만 지금 남아 있는 흔적은 여의도공원과 여의대로 정도이다. 공항이 폐쇄된 1960년대 후반에 공항이었던 자리를 개발하면서 여의도는 이제 고층빌딩들로 빼곡하다.

이곳 지하통로가 비행장 역사의 터널이 된 이유는 여의도에 비행장이 있었기 때문이라기보다는 우리나라 최초로 비행기를 띄웠던 안창남 덕분이다. 이 터널 안에는 1922년 12월 10일 안창남이 여의도 비행장에서 타고 날아올랐던 비행기인 금감호 모형과 당시 사진들이 걸려 있다. 1901년에 태어난 안창남은 일본 유학을 가서 비행사가 되었다. 안창남 고국 방문에 맞추어 비행 후원회가 결성되고 비행기를 사주려고 회비를 모았다. 식민지 조선의 청년이 신기한 최첨단 과학기술을 익혀 돌아온다는 자부심에 종교나 정파를 막론하고 성대하게 환영하였단다. 보통열차에 객차를 더 연결하고도 모자라 임시열차가 동원되었다. 당시 5만여 명의 군중이 몰려들었는데 지금으로 따지면 100만 인파에 버금간다. 안창남은 쌍엽비행기 양편에 조선 13도 지도를 그려 넣고 비행하였다. 여의도 비행장에서 날아오른 비행

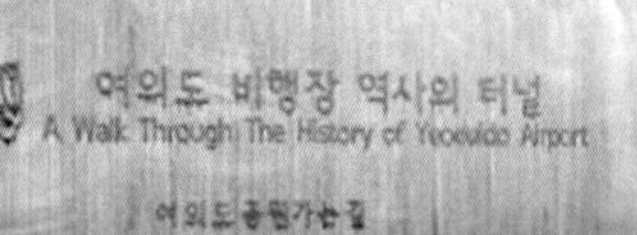

기는 남산을 돌고 창덕궁 상공을 지나 서울 시내를 한 바퀴 돌았다고 한다. 당시 『개벽』 31호에 다음과 같은 안창남의 글이 실렸다. 조종간을 잡고 서울 상공을 나는 그의 심정을 느껴 보자.

여의도 비행장 역사의 터널 입구.

(전략)

여긔서 바로 또렷이 보이는 것은 모화관 뒤 무악재 고개와 그 압헤 서 잇는 독립문이엿습니다. 독립문은 몹시도 쓸쓸해 보엿고 무악재 고개에는 흰옷 입은 사람이 꼬들꼬들 올라가고 잇는 것까지 보엿습니다. 그냥 지나가기가 섭섭하야 비행기의 머리를 조곰 틀어 독립문의 위까지 떠가서 한발 휘휘 돌앗습니다. 독립문 위에 떳슬 때 서대문 감옥에서도 자기네 머리 우에 뜬 것으로 보엿을 것이지마는 가처 잇는 형제의 몃사람이나 거긔까지 차저간 내 뜻과 내 몸을 보아주엇슬는지 (중략) "어떠케나 지내십니까." 하고 공중에서라도 소리치고 십헛스나 어떠케 하는 수 업시 그냥 돌아섯습니다.

(후략)

1910년 넘어, 전쟁에서 비행기가 얼마나 놀라운 활약상을 보이는지 알려졌고 미국에는 독립전쟁을 위해 비행사가 된 사람들이 나타났다. 당시 조선인 비행사 중 상당수가 중국군과 함께 항일전쟁에 참전하였다. 그 선두에 안창남이 있었다. 상해 임시정부와 관계를 맺고 중국 혁명운동에 참전하면서 군사 훈련과 비행사 교육에 힘썼으며 대한독립공명단이라는 단체를 조직하고 독립군 양성 비행학교의 설립을 위해 독립운동 자금을 모집하는 등 눈부신 활약을 펼친 안창남. 그를 기리기에는 역사의 터널이 너무 초라하여 가슴이 아프다.

세종대왕이 기다리는 여의도공원

여의도 비행장 역사의 터널은 여의도공원으로 연결된다. 몇 걸음 걸으니 연못에 두 발을 담그고 있는 팔각정이 보인다. 팔각정 처마 아래 고종 즉위 40년 칭경기념비전에 있던 것과 같은 덩굴 무늬가 보인다. 기본 모양은 조금 다르지만 이것 역시 미끄럼반사로 만든 띠 무늬이다.

지금 걷고 있는 이 길이 그 옛날 활주로였겠다. 안창남이 조종하는 비행기, 금강호를 보려고 모여든 사람들로 여의도가 꽉 찼었겠지. 자전거 옆길, 높이 솟은 벚나무들과 함께 걷는다. 윤중로만큼이나 벚나무가 많다. 한참 걷다 보니 세종대왕 동상이 있는 너른 마당을 만났다. 원형 기단이 물결처럼 세종대왕 동상을 둘러싸고 있다. 책을 펼쳐 들고 단정하게 앉아 먼 곳을 바라보는 세종대왕.

(90)

空中에서본 京城과仁川

安昌男

京城의한울! 京城의한울!

내가 어써케몹시 그리워햇는지모르는 京城의한울! 이한울에 내몸을날리울때 내몸은 그저感한感激에떨릴뿐이엇슴니다。

京城이 아모리 작은市街라합시다。아모리보잘것업는都市라합시다。그러나 내故國의 서울이아닙니까 우리의都市가아니입니까。

漸次 크게 넓게할수잇는우리의都市、또그리할사람이움쪽이고 자라고잇는이京城 그한울에 飛行機가나르기는 決코一二次가아니엇슬것이나 그飛行은 우리에게對한 어썬意味로의侮辱、아니면 어썬者는 一種威脅의意味까지를진것이엇섯슴니다。

그렛더니 이番에 잘하나못하나 우리겨레가 깃버하고 우리겨레가 반가워하는中에 우리겨레의 한몸으로 내가날을수잇게된것을 나는 더할수업시 愉快히생각하엿슴니다。

참으로 日本서飛行할때마다 機頭를西天으로向하고 보이지도안는 이京城을바라보고 오고십흔마음에 가슴을뛰노이면서 몃番이나 눈물을지엇는지 아지못합니다。

「공중에서 본 경성과 인천」 첫 장. 개벽 31호. 1923년 1월.

여의도 비행장 역사의 터널에 안창남이 조종한 비행기 금강호 모형과 당시 사진들이 걸려 있다.

여의도공원 사모정. 팔각정에도 미끄럼반사로 만든 덩굴 무늬가 있다.

주변에는 세종 시대의 업적들이 전시되어 있다. 앙부일구, 측우기, 자격루, 혼천의도 있다. 측우기를 처음 보았을 때 원기둥의 단순한 모양에 몹시 실망한 기억이 난다. 나중에 강수량을 정확히 측정하여 기록하기 시작했다는 것 자체가 기념비적인 일이었음을 알게 되었지만 말이다.

세종실록에 다음과 같은 기록이 있다.

근년 이래로 세자가 가뭄을 근심하여, 비가 올 때마다 젖어 들어 간 푼수[分數]를 땅을 파고 보았었다. 그러나 적확하게 비가 온 푼수를 알지 못하였으므로, 구리를 부어 그릇을 만들고는 궁중(宮中)에 두어 빗물이 그릇에 괴인 푼수를 실험하였는데

- 세종실록 92권, 세종 23년 4월 29일 을미

벼농사를 짓는 농민들에게 강수량은 매우 중요한 정보임에 틀림이 없다. 그

「전제상정도」. 세종 25년 지중추원사 정인지, 판서운관사 이순지, 주부 김담 등이 경기 안산에 가서 밭을 측정하는 모습. 다음 해 조세제도가 개혁되어 조선의 조세제도의 근간을 이루게 되었다.

런데 내린 비로 땅이 얼마나 젖었는지를 조사해서는 강수량을 정확히 알 수 없었을 것이다. 세자, 즉 문종이 4개월 동안 원기둥 모양의 그릇에 내린 비의 양을 측량하는 실험을 한 후, 호조는 구리 측우기의 규격을 정하고 구체적인 측정 장소를 지정하는 방안을 내놓아 전국적 강우량 관측망이 구성되었다. 온 나라의 강수량을 정확히 기록하도록 한 것이다. 지금으로 말하면 빅 데이터의 시작이라 할 수 있겠다.

발걸음을 옮기니 이번에는 그림들이 이어진다. 훈민정음 반포도, 책을 인쇄하던 주자소를 그린 주자소도, 서운관에서 하늘을 관찰하는 광경을 그린 서운관도, 논밭을 측량하는 광경을 그린 「전제상정도」. 설명문과 함께 판판한 돌에 새겨져 있다. 서운관 학자들과 함께 칠정산 외편을 편찬한 이순지, 김담은 논밭의 품질과 등급(전품)을 매기는 그림인 「전제상정도」에도 등장한다. 조세제도를 개혁하는 데 수학이 큰 역할을 한 것은 세종의 말에서 알 수 있다.

> "산학(算學)은 비록 술수(術數)라 하겠지만 국가의 긴요한 사무이므로, 역대로 내려오면서 모두 폐하지 않았다. 정자(程子) · 주자(朱子)도 비록 이를 전심하지 않았다 하더라도 알았을 것이요, 근일에 전품을 고쳐 측량할 때에 만일 이순지(李純之) · 김담(金淡)의 무리가 아니었다면 어떻게 쉽게 계량(計量)하였겠는가. 지금 산학을 예습(預習)하게 하려면 그 방책이 어디에 있는지 의논하여 아뢰라."
>
> – 세종실록 102권, 세종 25년 11월17일 무진

학이 날아오르는
샛강 문화다리

여의도공원을 빠져나와 샛강 문화다리로 올라선다. 이 근처를 지날 때면 늘 바라보게 되는 다리이다. 날아오르는 새를 형상화했다는 저 케이블 때문이다. 곧 하늘로 비상할 것 같은 빼어난 곡선미의 아름다움은 사실 직선으로 이루어져 있다. 직선 케이블들이 나란히 묶여 다리를 들어올린 사장교는 전체적으로 S자 모양으로 구부러졌는데, 굽이진 곳마다 학이 한 마리씩 배치되어 있다. 다리를 떠들고 있는 주탑이 설계자의 의도대로 탑이 아니라 새로 보인다.

여의도 샛강 문화다리. 직선인 케이블이 모여 곡선으로, 날아가는 새처럼 보인다.

문화다리를 왔다갔다하며 살펴본다. 금방 내려오기 아쉽다. 굵은 케이블을 하나 만져보고 저쪽으로 걸어가서 다른 케이블도 하나 만져본다. 이쪽에서 저쪽 새를 쳐다보고 저쪽에서 이쪽 새를 쳐다본다. 직선들이 모이면 그 외곽선이 곡선처럼 보인다는 사실을 알고 있어도 신기해서 자꾸 눈이 간다. 이렇게 튼튼하고 굵은 케이블이 날아오를 듯 가볍게 보이는 건 디자인의 힘이다.

샛강으로 내려선다. 샛강은 사람 손이 닿지 않아 말 그대로 자연스럽다. 풀과 나무가 제멋대로 삐죽삐죽 자라있다. 그런 샛강을 따라 걷는다. 포장된 길이라 정취는 떨어진다. 마치 작은 시골 동네에서 구멍가게가 아닌 대형마트를 발견한 느낌이랄까. 그래도 한강처럼 큰 강 옆에서는 느낄 수 없는 시골 느낌이 있긴 하다.

다시 한강이 보인다. 왼쪽으로 63빌딩, 오른쪽으로 한강철교가 보인다. 굉음을 내며 한강철교 위로 지하철이 지나간다. 비록 지하철이지만 철로 위를 달리는 열차는 향수를 불러일으킨다. 더구나 어스름녘 불을 켜고 달려가는 열차는 더욱 그렇다. 회색빛 무거워진 구름 아래 슬슬 어둠이 내린다. 이제 다시 물빛광장 쪽으로 가야겠다. 오늘은 금요일, 야시장이 서는 날이다.

문화다리에서 내려다본 샛강. 풀과 나무가 우거진 강변을 따라 산책로가 펼쳐진다.

빛은
색깔이 없다

야시장에 사람들이 북적이고 있다. 전깃불을 밝힌 푸드트럭이 줄지어 늘어서 있다. 고기 굽는 냄새가 흘러 다니며 식욕을 자극한다. 이리저리 둘러보다가 멕시칸 요리인 퀘사디아를 주문한다. 퀘사디아를 들고 한적한 곳을 찾는데, 어느새 어두워져 가로등이 아름다운 그림자를 드리운다.

가로등의 그림자에서 다시 사영기하학을 본다. 그림자가 곡선 줄무늬 모양이라 특이해서 전등갓을 보니 원기둥 모양이다. 갓이 수평으로 뚫린 부분으로 빛

수평으로 뚫린 전등갓 사이로 빛이 새어 나와 겹겹이 타원 줄무늬를 만들었다.

이 새어 나와 여러 겹으로 타원 줄무늬를 만들고 있었다.

야경이 펼쳐진 한강 가까이 가서 앉는다. 강 건너 건물마다 비치는 조명이 아름답다. 강변북로를 달려가는 자동차의 불빛도 아름답다. 물에 반사된 불빛이 일렁인다. 한강은 밤에 더 멋있다. 강원도 지방에 갔다가 올림픽대로를 따라 서울로 돌아올 때, 한강 다리들이 자신만의 색으로 빛나던 모습에 감탄한 적이 있다. 복층으로 녹색 조명이 아름답던 청담대교, 파란색과 주황색이 조화롭던 영동대교, 주황빛 트러스가 도드라진 성수대교, 물에 비친 보랏빛이 환상적이었던 동호대교…….

물과 빛이 어우러진 광경을 넋 놓고 바라보다가 빛은 원래 색깔이 없다는 생각이 불쑥 떠올랐다. 비 온 뒤 무지개는 무색의 빛이 프리즘을 통과하면서 숨기고 있던 여러 가지 색깔을 드러내는 것과 마찬가지 현상이다. 우리는 덕분에 빛이 색깔을 갖고 있다는 사실을 다시 깨닫곤 한다. 빛은 여러 색깔을 합성할수록 밝아진다. 합쳐질수록 투명해진다. 어두운 한강에서 나도 투명해지기를 꿈꾼다. 인어공주가 투명해졌듯이.

반포대교의 무지개다리 야경. 밤의 한강은 다리마다 다른 색깔로 빛난다.